DÉPÔT LÉGAL
Rhône
n° 61
1909

4° S
2533

AF231932

LES

MIGRATIONS DES MOLLUSQUES TERRESTRES

entre les sous-centres Hispaniques et Alpiques

PAR

M. LE COMMANDANT CAZIOT

Présenté à la Société Linnéenne de Lyon.

LES
MIGRATIONS DES MOLLUSQUES TERRESTRES
entre les sous-centres Hispaniques et Alpiques

PAR

M. LE COMMANDANT CAZIOT

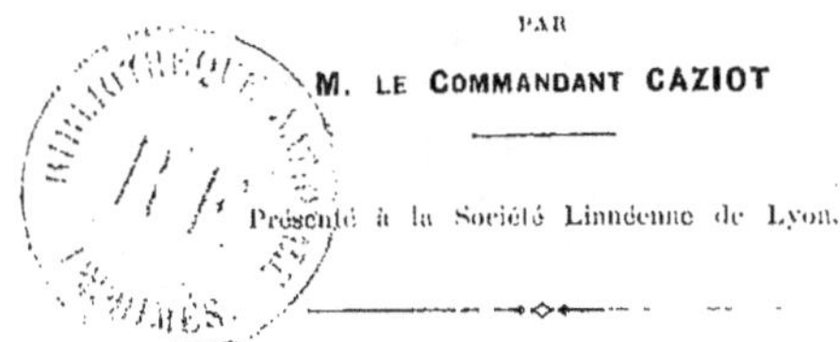

Présenté à la Société Linnéenne de Lyon.

III. Sur la distribution géographique du Pupa variabilis du sous-centre Alpique qui a pénétré à l'extrémité Est du sous-centre Hispanique[1].

Pupa variabilis.

CLASSIFICATION

Pupa variabilis, Draparnaud, 1801, *Tabl. moll.,* p. 60.

Pupa variabilis, Draparnaud, 1805, *Hist. moll.,* p. 65, pl. III
  fig. 55-56.

Torquilla variabilis, Studer, 1820, *Kurz. Verzeichn.,* p. 20.

Chondrus variabilis, Hartmann, 1821, *Syst. Gaster.,* p. 50.

Helix mutabilis, Férussac, 1822, *Tabl. syst.,* p. 64.

Granaria variabilis, Held, 1837, *In Isis von Oken,* p. 918.

Pupilla variabilis, Swainson, 1840, *Treat. malac.,* p. 334.

Pupa multidentata, Moq. Tandon, 1855, *Hist. moll. Fr.,* II,
  p. 374, pl. XXVII, fig. 5-9.

(1) Dans la première partie de ce mémoire, nous avons indiqué la
Clausilia parvula comme vivante en Angleterre, jusqu'au Derbyshire ;
c'est une erreur. Nous avons pris pour cette espèce, la Clausilia *nigricans*, var. *parvula*, de Turton, qui est une simple variété de taille. Mes
renseignements sur *Cl. parvula* provenaient de : 1° D' O. Boettger, Syst.
verzeichn der lebenden Arten der land. gatt. *Clausilia* Draparnaud,
1878, et 2° Legit Miss Fanny Hele, qui dit : « En Angleterre, jusqu'à
présent seulement, près Burton Trent, dans le Derbyshire ».

Elle ne vit réellement pas en Angleterre. On a pris pour cette espèce,
la *Cl. bidentata Ström* var. *parvula Turton*. Tous les auteurs qui ont
signalé *Cl. parvula* dans cette île ont été trompés.

4° S

2533

Pupa variabilis, Locard, 1894, *Coq. terr. France*, p. 300, fig. 422-423.

Dans ses coquilles de France, Locard a adopté, pour ce *Pupa*, le nom de *variabilis*. Il l'avait désigné avec le vocable *multidentata*, dans son Prodrome de 1882 ; voici, sans doute, les raisons qui ont été la cause de ce changement :

M. C. Pollonera, en 1886, dans son examen critique des espèces décrites nouvelles, a prouvé que le *Turbo multidentatus* d'Olivi n'était pas le *Pupa variabilis* de Draparnaud, ainsi que le croyaient certains malacologistes. On conçoit, dès lors, que l'appellation la plus ancienne doit seule être adoptée.

DISTRIBUTION GÉOGRAPHIQUE

Le *Pupa variabilis* est une forme essentiellement caractéristique des Alpes occidentales ; elle est extrêmement variable, et de nombreuses espèces ont été créées à ses dépens. Nous ne la connaissons pas au delà de Camporosso,, près Port-Maurice, en Ligurie ; c'est par là, sans doute, qu'elle a pénétré sur le versant nord de l'Apennin Piémontais (Val Scrivia). Elle n'atteint pas Gênes (Issel).

Dans les Alpes-Maritimes, le *Pupa variabilis* est abondant dans la vallée de la Roya, près Saint-Dalmas-de-Tende et dans son affluent, le Val Casterino (Issel). Il disparaît à la frontière et reparaît en aval du torrent, tout de suite au sud de Breil.

Dans le Var, il vit dans les régions subalpestres, jusqu'à 1.200 mètres (Bérenguier).

Il a été signalé dans les Bouches-du-Rhône, le Gard (Margier, Thieux, Caziot) ; Vaucluse (Caziot) ; Basses-Alpes (Drouet) ; à Digne et dans la haute vallée du Verdon (Margier) ; Ain, Rhône (Locard) ; Hautes-Alpes, Saint-Julien-en-Beauchêne, 950 mètres (Margier) ; Savoie (Bourguignat) ; Tarentaise, environs de Moûtiers (500 mères), sur la rive droite de l'Isère (Coutagne).

Drôme, jusqu'à l'altitude de 1.100 mètres : montagne de Baug, claps de Lup, alluvions de la Drôme, Chabeuil, etc. (Sayn), Miribel, Valence, Nyons, etc. (Chatenier) ; Isère (Gras, Bourguignat). Il franchit la crête des Alpes sur un seul point connu, au Mont Genèvre, pour développer une colonie à Cesana et dans la haute vallée de la Doria Riparia (Margier).

On le trouve à Milliemès, près Bardonnèche, ou au Mont-Thabor (C. Pollonera) ; Briançon, à 1.320 mètres (très gros) ; La Grave, 1.526 mètres (très petit) (Margier).

Dans la Suisse méridionale, aux environs de Genève, bassin du Léman, canton de Vaud, Aigle, Bex (Charpentier) ; Fribourg (Margier).

Les Alpes de Souabe, près Urache et sur les bords du Main, à Unterfranken, Pyrmont, Nassau. N'a pas été vu dans les montagnes de Saxe et de Silésie (Wohlberedt).

Dans le Jura, à Saint-Claude, et peut-être à Champagnol (Drouet). N'existe ni dans le Luxembourg, ni en Hollande, ni en Angleterre ni en Normandie.

L'habitat du Finistère, établi par Collard du Chèvres, est plus que problématique.

Locard l'indique dans la Loire.

L'Yonne, à Voutenay, d'après M. Guyard, quoique cela soit douteux, d'autant plus que ce *Pupa* n'a pas été indiqué, ni dans la Nièvre, ni dans l'Oise, ni dans la Haute-Loire. Vit en grande quantité dans la Lozère, dans la région des Causses (Fagot et de Malafosse). Aveyron à Milhau (Margier) ; Ardèche (Thieux) ; Agenais (Gassies) ; Gironde, rochers de Floirac (des Moulins).

Il a été signalé dans les Corbières, à Candies, Saint-Paul-de-Fenouillet et Maury ; sans nul doute, ces localités sont erronées, on a confondu le *Pupa variabilis* avec le *Pupa ringicula* de Michaud. Haute-Garonne, alluvions (Gassies). Cela nous paraît aussi fort douteux, d'après M. Margier ; Hérault (Dubreuil, Moitessier, Thieux) ; Aude, Tarn (Moquin-Tandon) ; Villefranche-de-Conflent (Pyrénées-Orientales) (Fagot). Sa limite sud semble être dans les Corbières Orientales, vers Salce et Vingrau.

Il vit dans la partie sud de la Corse, à Bonifacio, où je l'ai signalé et où il a été sans doute introduit. Il a été cité en Sardaigne, mais c'est fort problématique et il est probable qu'on a voulu désigner le royaume de Sardaigne, dont faisait partie le Piémont.

Il n'a jamais été signalé authentiquement en Espagne, malgré Graëll, qui l'indique dans la haute Catalogne, Morer à Campredon, ensuite Pfeiffer et Westerlund, car suivant Chia, il s'agit, sans nul doute, du *Pupa montserratica*. Dans les Pyrénées françaises et espagnoles, le *Pupa variabilis* est remplacé par ce dernier *Pupa* et le *ringicula*. Sur le versant français, le *Pupa montserratica* existe dans les Pyrénées-Orientales ; vallée de la Tet ; Villefranche-de-Conflent ; vallée du Tech, à La Preste et Prat-de-Mollon, Corbières ; vallées de l'Agly, près Tantavel.

Le *Pupa ringicula* s'avance plus à l'ouest, puisqu'on le trouve depuis les Pyrénées-Orientales, jusque dans la vallée de Marès (Haute-Garonne).

Pupa megacheilos[1].

CLASSIFICATION

Chondrus megacheilos, Cristofori et Jan, 1832, *Mantissa*, p. 3.
Pupa megacheilos, Des Moulins, 1835, *Descrip. moll. in act. Soc. Linn. Bordeaux*, p. 7, pl. II, fig. A.
Pupa megacheilos, Rossmässler, *Iconog.*, 1835, Band V, p. 13, fig. 318.

(1) Pour avoir des renseignements plus complets au sujet de cette espèce, consulter les ouvrages suivants :

1832, de Cristofori et Jan, *Mantissa in secundam partem*, etc., Milan. — 1841, Villa (A. et J. B.), *Dispositio systemativa*, etc., Milan. — 1844, Villa (A. et J.B.), *Catalogo dei moll. della Lombardia*, 8°, 10 p. Milan. — 1848, Pellegrino (Strobel), *Note malacol. dei gite del valle Brembano nel Bergamasco*, Milan. — 1851, Spinelli, *Catalogo dei moll. terr. e fluviatile de la provincia Bresciana*. — 1856, Spinelli, *Catalogo*, etc., *seconda edizione, Verona*. — 1856, Malak, *Blatt*, p. 179. — 1857, Pelegrina (Strobel), *Essai d'une distribution orographico-géographique des mollusques terrestres de la Lombardie*, Turin. — 1859, Stabile, *Prospetto sistematico moll. Lugano*, Milan. — 1859, Villa (A. et J. B.), Sulle distributioni geographica d. moll. terr. nella Lombardia *(Atti soc. geolog. di Milano*, Milan). — 1864, Stabile (J.), *Moll. terr. viv. du Piémont*, Milan. — 1871, Villa (A. et J.-B.), *Specie et varieta dei moll. dell. Lombardia, cat. sinom.*, Pisa. — 1876, Napoleone Pini, Molluschi, *Molluschi terr. d'acqua dolce viventi nel territorio d'Esino*, Milano. — 1876, G. Batt, Adami, *Moll. terr. e fluv. viventi nella valle del oglio*, etc., Padova. — 1878, Gredler, *Nachr.*, s. 21. — 1879, Gredler, *der Conchyl. Tirol*, Erschein. — 1883, Andrea, *Nachrest*, p. 132. — 1885, Gredler, *loc. cit.*, p. 3 et 136. — 1887-1890, Clessin, *Mollusk fauna oesterreich ungarns und der schweiz Nurenberg*, etc., 858 pages.

Torquilla megacheilos, Beck, 1837, *Index molluscorum*, p. 86.
Torquilla tricolor, Villa, 1841, *Disp. syst.*, p. 37.
Pupa megacheilos, Küster, 1855, *Gatt. pupa*, p. 46, tab. 6, fig.
6-8 (très bonnes).

DISTRIBUTION GÉOGRAPHIQUE

Le type du *Pupa megacheilos* vit en Lombardie, dans le
Vicentin, les provinces de Brescia, Bergame, Côme, lac de
Garde, Valteline, dans le Tyrol, ainsi qu'en Suisse. Ses caractères restent toujours les mêmes, mais subissent des variations
sous le rapport de la taille, de l'épaississement du péristome,
et de l'épaisseur des plis et lamelles ; de là des variétés *media*
et *minor*, dont la dernière tend à se rapprocher du *Pupa avenacea*.

Les individus de grande taille sont plus répandus dans les
hautes parties montagneuses. On les rencontre à une altitude
dépassant 2.000 mètres (Adami), mais on en trouve de taille à
peine moindre, à des altitudes plus basses, sauf à Hauteville,
dans l'Ain, où se trouve la variété *galloprovincialis* (Margier),
qui se rapproche plus de la forme du Tyrol que celle de Lombardie. Nous l'avons indiqué dans Vaucluse.

Les auteurs français l'ont tous signalé dans les Pyrénées ; il
n'y existe pas ; il y est remplacé par des formes affines, mais
distinctes : *Pupa leptocheilos* (Fagot) ; *goniostoma* (Küster)
angulata (Fagot) ; *bigorriensis* (Charp.) ; *Moquiniana* (Küster),
etc., etc.

M. Debeaux, qui l'indique à Barèges, l'a confondu avec le
Pupa bigorriensis.

Sur le versant français, les *Pupa leptocheilos* et *goniostoma*
sont abondants dans les Pyrénées-Orientales, mais sont rares
dans la forêt d'Eu, Malo (Aude).

Le *leptocheilos* est commun à Vignemale, Ileas, Gavarnie,
vers la montée de la brèche de Rolland, au fond de la vallée
d'Ossun (Hautes-Pyrénées). Ces deux derniers *Pupas* n'ont pas
encore été mentinnés dans l'Ariège, ni dans la Haute-Garonne.
Ils sont très répandus sur tout le versant espagnol, depuis
Montserrat jusqu'aux Pyrénées occidentales.

Le *Pupa goniostoma* a été signalé par Bourguignat dans les alluvions du ravin de Chabel-Beinan, près du Cap Caxine, à l'ouest d'Alger, mais ce fait nous paraît très douteux (1).

Le *Pupa bigorriensis* est spécial au versant français des Pyrénées et des Corbières.

En Espagne, il n'a qu'un représentant, c'est le *Pupa hospitii* de Fagot, à l'hospice de Venasque. Ce *Pupa* a, d'ailleurs, été retrouvé dans quelques autres hautes vallées des Pyrénées espagnoles (Margier). Les *Pupas bigorriensis* et *hospitii* atteignent, sur les deux versants, une altitude plus grande que celle atteinte par les *Pupas leptocheilos* et *goniostoma*, qui sont beaucoup plus développés (2).

Il est probable que le *Pupa megacheilos* est originaire du centre alpique, d'où il a rayonné dans le sous-centre hispanique, pour y prendre des formes spéciales, comme le *Pupa avenacea*, originaire du même centre, qui a fourni un nombre considérable de formes, dans le sous-centre hispanique.

Pupa avenacea.

Le premier auteur qui ait observé cette coquille est Geoffroy, qui l'appela le grain d'avoine, à cause de son analogie avec le grain d'orge, et la décrivit ainsi qu'il suit, dans son *Traité somm. coq., tant terr. que fluv. des env. de Paris*, p. 53, 1767.

« *Cochlea testa fusca obscura, acuta spiris octo.*

« Le grain d'avoine, longueur 2 lignes.

« La couleur de cette coquille est brune et nullement brillante ; elle décrit huit tours de spirales ; son ouverture en ovale, bordée d'une lèvre blanche, avec sept dents ou replis de même couleur quatre en haut, trois en bas. Cette coquille ressemble à la précédente *(Pupa secale)*, mais elle est moins

(1) Aucune forme d'*avenacea* n'a atteint l'Afrique. Les *Pupas punica*, Let. et Bourg. *Barattei* des mêmes auteurs de Tunisie sont des *Philippiana*. Au Maroc, le *Pupa tingitana*, Kob, appartient à un groupe très différent.

(2) Le Pupa désigné sous le nom de *megacheilos*, dans le catalogue Montserrat (Graëlls) de la vallée du Bach de Montagut (Salvaña) est le Pupa *leptochilus*, Fagot.

grande et un peu plus pointue. On la trouve dans les mêmes endroits qu'elle, c'est-à-dire dans la mousse, sous les pierres humides des environs de Paris (1). »

Bruguière *(Encycl. méth.,* 1, p. 355, n° 97, 1772) plaça le grain d'avoine dans son immense genre *Bulimus,* tout en lui conservant la désignation de Geoffroy, qu'il se contenta de latiniser conformément aux règles de la nomenclature binaire, et la coquille de Geoffroy devint le *Bulimus avenaceus,* dont le type vit, par conséquent, aux environs de Paris (non toutefois aux environs immédiats (Margier).

Draparnaud rangea le *B. avenaceus* dans son genre *Pupa.* Dès lors, le grain d'orge devint le *Pupa avena.*

Cet historique servira à fixer désormais le type du *Pupa avenacea,* dont aucun auteur, à notre connaissance, n'a donné de localité originaire (2).

Westerlund, dans son *Synopsis reg. Palearct.* de 1897, a placé ledit *Pupa* dans le genre *Modicella,* qui avait été créé par Studer, en 1820, et arrangé ensuite par les frères Adams *(Gén. of Recent. Moll.,* p. 69, 1855), qui groupèrent, sous ce nom, toutes les espèces du groupe de la section *Torquilla* de Studer, lesquelles sont dépourvues de dents et de lamelles aperturales, c'est-à-dire les *Pupa Farinesi,* des Moulins ; *Pupa rupestris,* Philippi ; *Pupa pallida,* Parreys.

Ce groupe, ainsi composé, n'a pu être adopté, parce qu'il comprenait trois espèces appartenant à trois groupes différents et n'ayant, entre elles, d'autre analogie, que celle de l'absence de lamelles aperturales ; caractère évidemment insuffisant.

En 1860, Martens ap. Albers *(Dic helicid.,* éd. 2, s. 287-288) appela *Modicella* une sous-section des *Torquilla,* composée d'espèces affines toutes pourvues de dents et ne correspondant en rien, par conséquent, aux *Modicella* d'Adams, ainsi qu'on peut s'en convaincre par la liste suivante : *Pupa occulta,* Parreys ; *Pupa rhodia,* Roth ; *Pupa Philippi,* Cantraine.

Westerlund, en 1875 (in *Malak. Blätt.,* Band. 22, s. 123) éten-

---

(1) L'habitat n'a pas été bien indiqué, car le *Pupa avenacea* vit exclusivement sur les parois des rochers.
(2) Voir la synonymie sur une page à part.

dit considérablement la section *Modicella* en y adjoignant plusieurs espèces et en la divisant en trois groupes :

1er groupe : *Farinesiana*, comprenant les *Pupas : Farinesi*, des Moulins ; *jumillensis*, Guirao.

2° groupe : *Massotiana*, comprenant les *Pupas : Massotiana*, B^t ; *Penchinatia*, B^t ; *ventilatoris*, Parreys ; *bergomensis*, Charpentier.

3° groupe : *Philippiana*, comprenant les *Pupas : occulta, rhodia, Philippi, annula, sardoa, calpica*.

Ces trois groupes, ainsi composés, ne sont pas acceptables, car plusieurs des espèces, rapprochées par Westerlund, ne présentent que des analogies superficielles, comme nous le démontrerons.

En 1874, Clessin *(Nom. helic. viv.*, p. 347-348) admet les *Modicella* comme sous-section des *Torquilla* et les compose des espèces suivantes :

Pupa Farinesi, des M.	*Pupa Penchinati*, Bourg.
— *Dupotetii*, Terver.	— *rhodii*, Roth.
— *Massoti*, Bourg.	— *œmula*, Parreys.
— *occulta*, Parreys.	— *encyphogyra*, Letourn.
— *nitida*, Anton.	— *calpica*, West.
— *sardoa*, Cantr.	— *ventilatoris*, Parreys.
— *rupestris*, Philippi.	— *Philippi*, Cantr.
— *Michaudi*, Terver.	— *kabyliana*, Letourn.

En 1881, Kobelt *(Cat. die in Europ. lebend. binnen. conch.)* admet les *Modicella* comme section, sans rien changer aux espèces de Clessin.

En 1884, M. le professeur Boëttger (in *Nachr. der deutsch. Malak. ges.*, p. 10) fait rentrer dans la section *Modicella* le *Pupa avenacea*, rangé provisoirement par Westerlund (1872), à cause des différences de conformation de la mâchoire, ou plutôt de la radule, dans le genre *Alloglossa* de Lindström.

Cette section, ainsi composée, équivaudrait presque aux *Torquilla* de Studer. En effet, les espèces groupées sous le nom de *Modicella* présentent des caractères si distincts qu'il est impossible de les maintenir dans le même groupe ; puis, comme les caractères sur lesquels est fondé le rapprochement sont variables, chaque auteur pourra les grouper à sa guise, comme cela a eu lieu.

Il est facile de démontrer le bien fondé de cette assertion. En effet, les *Modicella* d'Adams comprennent trois espèces appartenant à trois groupes distincts :

1° *Pupa Farinesi*, espèce servant de tête de groupe à une série spéciale du sous-centre hispanique.

2° *Pupa rupestris,* servant également de tête de groupe à quelques espèces du sous-centre alpique, spéciale à la Sicile et à l'Algérie.

3° *Pupa pallida*, coquille qui rentre dans le groupe des *Similiana*, répandu dans le pourtour occidental du bassin méditerranéen et compris aussi dans la faune circa-littorale.

Les *Modicella* de Martens (*in* Albers), complètement différents de ceux des frères Adams, sont formés d'un groupe naturel d'espèces auquel il a été donné le nom de *Philippiana*, du nom de l'espèce la plus ancienne.

Westerlund, en 1875, composa les *Modicella* de coquilles ayant entre elles peu d'analogie.

Son premier groupe, celui des *Farinesiana*, est assez naturel (il constitue son 3° groupe, en 1897) ; il comprend les *Pupas Farinesi, jumillensis, spelunca, Boëttgeri, microdon, tarraconensis, oblitera, saltus* et *ignota.*

Son deuxième groupe, en 1875, était formé des *Pupas Massoti et Penchinati*, qui rentrent dans les *Farinesiana ;* du *Pupa ventilatoris*, qui appartient au *Naniana (Pupa Mühlfeldti*, auctor) et du *Pupa bergomensis*, du groupe des *Avenaceana.*

En 1897, ce deuxième groupe devient son quatrième ; il conserva alors seulement le *Pupa Massoti* et ajouta le *P. aragonica* de Fagot, *domicella* West., *pulchella* Bof., *Ilerdensis* Fagot, et *sardoa* de Cantraine.

Son troisième groupe, en 1875, correspond aux *Philippiana.*

Les *Modicella* de Clessin et de Kobelt correspondent à ceux de Westerlund, auxquels cet auteur a ajouté les espèces algériennes des *Philippiana* et le groupe des *Rupestriana.*

Enfin, les *Modicella* de Boëttger sont inadmissibles, puisque le *Pupa avenacea*, qu'il englobe, est à la tête de la section des *Torquilla* de Studer.

En 1897, Westerlund éleva cette section au rang de genre. Pour nous, les *Modicella* doivent être supprimés, comme ne correspondant à rien de précis ni de bien limité, et les *Pupas* qui les composent doivent rentrer naturellement dans les *Torquilla*, dont ils forment plusieurs groupes distincts : *Torquilla Farinesiana ; T. Philippiana ; T. Rupestriana ; T. Naniana ; T. Avenaceana.*

C'est dans ce dernier groupe que rentre le *Pupa avenacea* de Draparnaud, et le *Pupa nitida* de Anton.

Pour avoir négligé les principes de la malacologie et s'être borné à l'examen d'un petit nombre de caractères, les auteurs allemands ont entraîné une confusion qu'il importe de faire cesser et contre laquelle résistera tout esprit non prévenu.

L'historique du *Pupa avenacea* peut être établi ainsi qu'il suit :

Helix cylindrica Studer, 1789 (nomen), Studer, *Faun. Helv.* in Coxe Trav., Switz, III, p. 431.

Bulimus avenaceus, Bruguière, 1792, *Encycl. nich. vers.*, t. VI, 2° part., p. 355.

Pupa avena, Draparnaud, 1801, *Tabl. moll.*, p. 59.

Chondrus avena, Cuvier, 1815, *Reg. anim.*, II, p. 408.

Torquilla avena, Studer, 1820, *Kurz Verzeich.*, p. 80.

Chondrus secale, var. *avenaceus*, Hartmann, 1821, *Syst. gast.*, p. 50.

Helix (Cochlodonta) avena, Férussac, 1822, *Tabl. syst.*, p. 64.

Jamina septemdentata, Risso, 1826, *Hist. nat. Europ. mérid.*, p. 91, n° 211.

Granaria avena, Held., 1837, in *Isis*, p. 918.

Pupa avenacea, Moquin-Tandon, 1863, *Moll. Toulouse*, p. 8.

Stemodonta avena, Mermet, 1847, *Moll. Pyr. occid.*, p. 52.

Alloglossa avenacea, 1868, *Lindström om Goth nat. Mollusk.*, p. 18, tab. 1, fig. 11-12.

Les variétés du *Pupa avenacea* sont les suivantes :

Var. *subcereana*, West., 1871, *Expose crit. moll.*, p. 101 (Suède, Tyrol, Crimée).

Var. *ferruginea* (1), West., 1876, *Faun. Europ. Prod.*, III, p. 98, 1887 (France, Agenais).

Var. *subhordeum* (2), West., 1887, *Faun. der in Palaart.*, Heft. 3, p. 98. *Pupa avena,* var. *minor*, Küster., *Monogr. got. Pupa*, p. 49, tab. 6, fig. 15-16 (sans indication de localité).

Var. *apuana*, Issel, 1866, *Moll. Pise*, p. 21 (Oise).

Var. *arcadica*, Reinhart, 1880, *Sitz. ber. Berlin* (Epire, Dalmatie).

Var. *clienta*, West., 1883, in *Jahrb. der deutsch. malak. Ges.*, p. 60 (Galicie, près Choc, Kotula, dans le Tatra, aussi dans le Banat et la Hongrie septentrinale, à Moïling, près Vienne).

Var. *oligodonta* (3), Del Prete, 1879, in *Boll. Soc. malac. Ital.*, t. I, fig. 13-15 (Alpes apuanes).

Var. *duplicata*, Küster. *(Pupa avenacea,* var. β, L. Pfeiffer, *Monog. hel. viv.*, II, p. 348, 1848, 1845, *Monog. Gatt. Pupa*, tab. 14, fig. 37-39. (Dans le Var à Saint-Cyr, Toulon. Helvétie).

Var. *melanostoma*, 1887, *Paulucci*, ap. *West., faun. der,* in *Palaart. reg.*, Heft. 3, p. 98 (Opeina et Nabusina, aux environs de Trieste, Istrie).

Var. *lepta*, West., 1887, *l. c.*, p. 98 (Adelsberg, Carinthie).

Var. *transicus* (4) West. *(Pupa avena, transicus, ad megacheilos.* Strobel), *Pupa megacheilos*, var. *avenoïdes*, et var. *bigorriensis*, West. faun. Europe, 1876. — *Pupa avenacea*, var. *transicus*, West., 1887, faun. Palæært., p. 98 (Ala, Tirol).

(1) Cette espèce, pour M. Margier, paraît fondée sur des exemplaires décolorés du type.

(2) Pour cette variété, Westerlund reporte le lecteur à sa faune d'Europe, Prodrome 1876 ; pourtant, dans cet ouvrage, elle n'est point mentionnée, il faut lire : Faune der palæært, etc., 1887. On sait que le *Pupa hordeum* Studer est une variété du *pupa secale*, Drap.

(3) M. Margier est d'avis d'élever cette variété au rang d'espèce ; elle est dépourvue de dents ou bien n'en présente que des rudiments ; elle se rapproche du *Pupa Farinesi* par ses caractères ; aussi, du *Pupa avenacea* sous d'autres rapports. Elle est localisée aux environs de Carrare, dans les Alpes Apuanes.

(4) Westerlund énumère trois formes différant un peu du type, sans cependant constituer pour elles des variétés distinctes. Ce sont les formes *cercalis, Ziegl.*, plus gros ; *eupora*, West., avec 4 dents palatales ; *paucidens*, West., avec deux dents palatales seulement. La plupart des échantillons du midi de la France sont des *eupora*.

Var. *maritima* (1) *Pupa maritima*, Locard, 1894, *Conchyl. France*, p. 298 (Saint-Martin-de-Vésubie, Alpes-Maritimes).

Var. *aureacensis*. *Pupa aureacensis*, Locard, 1894, *l. c.*, p. 298 (Saint-Didier-au-Mont-d'Or, Rhône (non Cauterets, Hautes-Pyrénées).

Var. *abundans*, West., 1894, *Nach. deut. malak. ges.*, s. 172 (Kyltome, Grèce).

Var. *aveniculum*, Hartm., variété non admise ni mentionnée par Westerlund. Indiquée par Clessin *(Die Mollusken fauna Oesterreich ungarus und der Schweiz.*, 1887) avec les mentions suivantes : Suisse, env. de Coire, Milano, rive droite du Landquart, Zigers, dans le Schlundtobel, sur la crête de Schuders ; j'ai reçu des spécimens de Salurn, Tyrol.

DISTRIBUTION GÉOGRAPHIQUE

Le *Pupa avenacea* se rencontre au Mont Tatra, en Galicie, en Transylvanie, Roumanie, Bulgarie, jusqu'à la Crimée et au Caucase, Mingrélie et Abchasie (Retowski, de Rosen). — Il ne paraît pas dépasser le Caucase occidental le plus européen par sa flore et son climat (Margier).

En Dalmatie, en Épire, près de Janina et Leskowitk (Mousson). Dans le nord de la Grèce, sur le Pinde, au Bosphore, en Thessalie, à Agoriani, dans le Parnasse (Krüper) (Haufsknecht), mont Kyllene, en Arcadie (Heldreich). C'est sa localité la plus méridionale (Hesse).

Attique et Parnasse, à Agoriani (Krüper).

Une variété dans l'île d'Eubée (West.).

Au Monténégro on trouve le type avec la var. *arcadica*, à Ruschart, Busat, Kom, Kostica, Darman, etc. (Albers-Wohlberedt).

Bosnie, près Serajewo ; vallée de la Bosna, entre Polejane et Borovice (Möllendorff).

---

(1) Cette variété, à cause de sa taille, pourrait être une forme du *Pupa megacheilos ;* faute d'indication plus précise d'habitat, nous n'avons pu la trouver à Saint-Martin-de-Vésubie.

Croatie, Agram, Vidovec, Slung, Cataracte des lacs de Plit-viche, Briber (Brusina), Fiume, Plaze, Fuzine, Lir (Kormos, juillet 1906, *in* Nachr).

Manque aux environs de Budapest (Hazay), par suite du manque d'abri dans les rochers.

En Carniole, Carinthie, Tyrol et dans toutes les Alpes autri-chiennes il se trouve en abondance, surtout dans les régions calcaires, et presque toujours accompagné de l'*Helix rupestris*.

Paraît manquer en Bohême, mais est très commun dans la Hongrie septentrionale (Tatra, Carpathes du Nord) (Margier).

Il est répandu dans l'Allemagne méridionale, toujours dans les régions calcaires, mais est rare au nord du Main. Il manque absolument dans les plaines du Nord.

En Thuringe, on le connaît dans deux localités ; c'est sa limite septentrionale en Allemagne. Bade (Nagèle).

Problématique en Silésie. Dans le Wurtemberg, on le trouve surtout sur le Lias et le Muschelkalk.

Plus au nord, il a été signalé en Suède, dans les îles Oland et Gotland, Westergotland, Kennekulle et Ostergotland (Om-berg-Westerlund).

Douteux en Hollande (Keyser).

Dans le Luxembourg, sur les rochers, près Keispelt (v. Fer-rant), Danemark (A. C. Johansen).

Environs de Namur et de Dinant (Toby). —'Non indiqué en Angleterre.

D'après Paulucci, on le trouve dans toute l'Italie, excepté dans les Calabres ; il est commun surtout dans la partie sep-tentrionale.

On le connaît des provinces de Modène et de Reggio Emilia (Picaglia) ; de la Toscane (Gentilhomo) ; de la province de Pise (Issel) ; des Alpes apuanes (de Stefani) ; Trieste, Ascoli, Piceno (Mascaroni) ; Abruzzes (Paulucci) ; lac de Côme (de Monterosato).

Suivant Kobelt, il existe en Sicile, mais ne se trouve ni en Sardaigne, ni en Corse.

Dans le Piémont, Pollonera le signale à 1.700 mètres d'al-titude, au Pas-des-Echelles, vallée de la Dora riparia, Aoste, Suze, Valdieri, alluvions de la Scrivia, etc.

Adami a constaté sa présence sur le Mont Presolano (vallée de l'Oglio), jusqu'à 2.200 mètres.

La variété *transicus*, à Ale et Riva (Tyrol).

En Suisse il est partout commun (Godet). M. Margier l'indique à Schÿnige Platte, près Interkalen, à 2.000 mètres.

En France, Alpes-Maritimes, sur le plateau de Caussols (1.150 m.) et au nord de Beuil (1.500 m.). Dans le Var, il s'élève jusqu'à 1.713 mètres (Bérenguier).

Bouches-du-Rhône, sur le revers nord des Alpines, Saint-Chamas, Miramas, Rognac, Saint-Remy (Coutagne, Caziot, Thieux).

Drôme, où il a son maximum de développement, entre 400 et 800 mètres.

Basses-Alpes (M.-Tandon) ; Beauvezer et haute vallée du Verdon (Margier) ; Vaucluse, à Piolenc, fontaine de Vaucluse, le mont Ventoux, etc. (Caziot-Margier) ; Gard, champ de tir de Nîmes, Alais, Anduze, Bagnols, etc. (Caziot-Margier) ; Loire, Ain, Rhône (Locard) ; Isère (Gras, Bourguignat) ; route du Mont-Genèvre à Briançon (1.300 m.) ; Saint-Martin, en Vercors.

Savoie Brides (Dauphin), environs de Moûtiers, entre 500 et 700 mètres (Coutagne).

Nièvre (Baichère), Yonne à Voutenay (Guyard) Côte-d'Or (Drouet) à Sorlin (Lafay) ; Moselle (Juba).

Aisne (Poiret), environs de Paris, de Metz et de Saint-Quentin, rochers de Gorze (Holandre) et plateau de Langres (Ray, Drouet).

Vosges (Puton) ; Alsace (Hægenmüller) ; Champagne (Ray et Drouet) ; Vienne (Mauduyt).

Non signalé dans Maine-et-Loire, ni en Normandie, ou se trouve partout le *Pupa secale*. Dans l'Orne, MM. Leboucher et Letacq n'ont signalé ni l'un ni l'autre. Montagnes d'Auvergne.

Lozère, très abondant (Fagot et de Malafosse, Pécoul) ; Aveyron, environs de Milhau (Pécoul) ; d'Estaing (Pons d'Hauterive) ; Lot (Fagot) ; Ardèche (Thieux) ; Lot-et-Garonne, l'Agenais (Gassies) ; Hérault (Moitessier-Dubreuil) ; Pyrénées-Orientales (Massot) ; Aude, forêt de Fanges et presqu'île Sainte-Lucie (Fagot).

C. C. C. dans toutes les Corbières ; des Pyrénées-Orientales de l'Aude, et les petites Pyrénées de la Haute-Garonne, jusqu'à la Garonne ; au delà de ce point, il est remplacé par d'autres formes du même groupe, notamment par le *Pupa bigorriensis* (1).

En Espagne, il se trouve, d'après M. Margier, authentiquement aux environs de Gerona (Catalogne).

On l'a indiqué sur d'autres points encore plus méridionaux : à Albarracin (province de Teruel) ; à la Peña de Orduña (Santander) ; entre Pancorba et Miranda del Ebro (province de Burgos), jusqu'à Setubal en Portugal ; mais le nom d'*avenacea* peut, ainsi que nous l'avons dit plus haut, cacher des formes différentes des groupes *Kobelti*, par exemple, ou *Penchinatiana*, de Bourguignat.

Il a été trouvé fossile dans le pleistocène du Monte Pisano ; dans l'Eocène supérieur (gypse de Paris) et à l'Obélisque de Nauroum, sur les pierres du mur d'enceinte, à 10 kilomètres de Villefranche-de-Lauraguais (Haute-Garonne) (Fagot) ; dans les brèches ossifères de Menton (Nevill), avec le *Pupa secale*.

Pupa secale.

CLASSIFICATION

Pupa secale, Draparnaud, 1801, *Tabl. moll.*, p. 59 ; 1805, *Hist. moll.*, p. 64, pl. III, fig. 49-50.

Turbo Juniperi, Montagu, 1803, *Test. Brit.*, p. 340, pl. XII, fig. 12.

Odostomea Juniperi, Fleming, 1814, in *Edimb. Encycl.*, VII, I, p. 76.

Torquilla secale, Studer, 1820, *Kurz Verzeichn.*, p. 80.

Chondrus secale, Hartmann, 1821, *Syst. Gaster.*, p. 50.

(1) Sous le nom de *Pupa avenacea*, les auteurs ont confondu plusieurs formes qui n'appartiennent pas à notre espèce, telles que les Pupas *bigorriensis, hospitti, cereana,* etc. Nous croyons que le véritable type n'existe pas dans les Pyrénées espagnoles. C'est une étude que nous ne pouvons pas entreprendre faute de matériaux; M. Fagot n'a jamais réussi, m'a-t-il dit, à trouver le *Pupa avenacea* dans lesdites Pyrénées, malgré de nombreuses excursions.

Juminia secale, Risso, 1826, *Hist. nat. Europ. mérid.*, IV, p. 89.
Abida secale, Leach., 1831, *Brit. moll.*, p. 165 (ex-Turton).
Vertigo secale, Turton, 1831, *Shell. Brit.*, p. 101.
Stomodonta secale, Mermet, 1843, *Moll. Pyr. occid.*, p. 51.
Pupa Juniperi, Gray, 1848, in *Turton. Shell. Brit.*, p. 197,
   pl. VII, fig. 81.
Pupa Bourgetica, Letourneux, 1877, *Moll. Lamalou*, p. 64.
Pupa secale, Locard, 1882, *Prod.*, p. 166.

DISTRIBUTION GÉOGRAPHIQUE

La distribution géographique du *Pupa secale* n'est pas exactement la même que celle du *Pupa avenacea* ; les deux espèces cohabitent, il est vrai, souvent ensemble ; mais cette dernière semble avoir une aire beaucoup plus étendue, puisqu'elle s'avance dans l'Est jusqu'au Caucase, au Nord jusqu'à la Suède, et au Sud jusqu'à l'Arcadie et la Sicile.

Le *Pupa secale* s'éloigne beaucoup moins de la région alpique ; il ne vit ni dans le Caucase, ni les Carpathes et le Tatra, ni dans les Balkans et les montagnes de la Grèce, ni dans la Scandinavie.

Le *Pupa secale* ne commence à apparaître que dans les Alpes orientales (Basse Autriche). Il est assez répandu en Autriche et dans l'Allemagne méridionale.

Nous ne croyons pas qu'il vive ni en Serbie, ni en Roumanie, ni en Bosnie, où il a été mentionné par Kobelt et Möllendorff. L'on a souvent pris pour le *Pupa secale* des formes du *Pupa frumentum*, lequel existe en Dalmatie et autres contrées soumises à l'influence méditerranéenne.

Il n'a été trouvé ni en Transylvanie, ni dans le Haut Tatra, ni dans le Sud de l'Italie, ni en Sicile.

Indiquer toutes les localités où il a été signalé serait fastidieux ; nous nous contenterons de donner quelques généralités indispensables. C'est une espèce bien alpique, quoiqu'il existe une espèce morphologiquement voisine dans les montagnes de l'Afghanistan : c'est le *Pupa lapidaria*, Hartm., qui est une espèce bien isolée.

Le *Pupa secale* est commun dans le Wurtemberg, dans les Albhohen, Nagold, Oberswaben, etc. ; Bavière (Taylor).

Au nord du Main il est rare, et il n'est indiqué que dans quelques stations de Westphalie (à Pyrmont, par exemple) et de Thuringe (Hesse) ; Baden (Nägele).

Il n'est pas répandu indifféremment dans toute la grande chaîne des Alpes, dont il ne franchit guère la crête du côté du versant méridional.

Il existe dans le Tyrol septentrional, au nord de Brennen (Margier).

C. Pollonera l'a signalé dans le Piémont, à Stura di Lanzo (1.700 m.), vallée de la Dora Riparia, Roncha ; mont Cenis (2.700 m.).

En Italie, il n'existe pas dans la Lombardie.

Suivant de Betta, il aurait été recueilli aux environs de Venise et à Gemona (Trioli). C'est absolument douteux ; il en est de même à Chioggia, où Chiamenti l'a signalé.

En Toscane, d'après Gentilhomo, il est très rare.

Issel l'indique dans la province de Pise, et de Stefani dans les Alpes apuanes ; mais ces localités restent néanmoins douteuses pour nous. Ce serait en tout cas la limite méridionale de cette espèce, car Paulucci ne le relate ni dans les Calabres, ni au mont Argentaro, ni dans les îles voisines de l'Italie (1).

Moquin-Tandon l'a signalé en Corse. C'est absolument problématique.

Margier assure qu'il n'existe pas non plus en Sicile, ni à Capri, où M. Taylor l'a indiqué.

Il est commun dans toute la Suisse : Vaud, Schurz, Genève, etc. (Godet), mais inconnu dans le Tessin.

Non indiqué dans le grand-duché de Luxembourg, où se trouve néanmoins le *Pupa avenacea* (V. Ferrant).

Vit en Belgique, à Namur, Dinant et dans les Ardennes belges (Toby).

Douteux en Hollande (Lynge).

Non en Danemark, où le *Pupa avenacea* est seul visé (Johansen).

---

(1) Le *Pupa secale*, ou forme voisine, se trouve au Monte Corchia, localité tout à fait isolée en Toscane (collection Margier).

2

Existe dans le sud-est de l'Angleterre et dans les Comtés de N. W. York, Mid. W. York, de Westmoreland et Luke Lancas.

Non en Irlande, mais probablement en Ecosse, dans le Comté de Haddington (Taylor).

En France, il existe presque partout, excepté dans les parties granitiques. Très commun dans les Alpes, le Jura, les Cévennes, etc.

Il est répandu dans toutes les Pyrénées françaises et espagnoles, soit sous la forme typique, soit sous la forme *Boileausiana*, qui est abondante, surtout dans l'Aude et dans l'Ariège.

On ne le trouve ni dans le Sud de l'Espagne, ni en Portugal, où il a été confondu avec le *Pupa lusitanica*.

M. Thieux nous a affirmé l'avoir recueilli en Espagne, à Almatret, sur le rio Ebro, à Lérida et à Flassa, près Gérone ; aussi à Montserrato, près Barcelone. Il est indiqué à Tremp (Catalogne), dans la collection Martorell.

Les variétés du *Pupa secale* sont les suivantes :

Var. *elongata*, de Saulcy, 1853, in *Journ. Conchyl.*, p. 270 (près de Saint-Sauveur, Pyrénées-Orientales).

Var. *minor*, Moquin-Tandon, 1855, *Hist. nat. moll.*, p. 366 (Labastide de Serou, Ariège).

Var. *cylindroïdes*, Moquin-Tandon, *l. c.*, p. 366 (Durfort, près Saint-Féréol, Tarn).

Var. *sarratina*, Moquin-Tandon, *l. c.*, p. 366 (à Durfort (Sarrat), près Saint-Ferréol (Tarn).

Var. *B*, *apertura 9*, *plicata*, Bourguignat, *Malacol, Aix-les-Bains*, p. 49, 1864.

Var. *C*, *apertura 10*, *plicata*.

Var. *D*, *apertura 11*, *plicata*, *Pupa secale*.

Var. *bourgetica*, pl. XI, fig. 1, 1864. Bassin du Bourget, entre Mouxy et la Chapelle Saint-Victor.

Var. *E*, *testa sublævigata*, Dent du Chat, *Plicatis nonnullis accidentibus (Pupa siligo* (1), Roth), L. Pfeiffer, *Mon. hel. viv.*, p. 346, 1878, Bayern, Wurtemberg.

_____

(1) *Siligo* veut dire, en latin, « du plus pur froment ». Cette forme est à ranger parmi les variétés du *Pupa frumentum*. Ce qui confirme dans

Var. *gracilior*, West. *Pupa variabilis*, C. Pfeiffer, Naturg.,
taf. II, fig. 15, Allemagne.

Var. *cylindrica*, Locard, *Etudes var. malac.*, I, p. 259, 1881.
Alluvions du Rhône.

Var. *oyonnaxia*, Locard, *Etudes var. malacol.*, 1, p. 259, 1881
(Oyonnax, Ain).

Var. *duodecimcostata*, Locard, 1881, *l. c.*, p. 260 (Lyon, le
Vernet.

Var. *phymata*, West., 1887, *Faun. reg. Palcart.*, Heft. 3, s. 110
(Hautes-Pyrénées).

Var. *edentula*, Taylor, 1879, *Journ. Conchyl.* (Ingleton, York-
hire).

Le *Pupa secale* a été trouvé fossile dans le lœss et les sables
pleistocènes de Mosbach, Allemagne (Hesse) ; dans les brèches
osseuses de Menton (Nevill) ; dans le pleistocène et l'holocène
de Douvres ; l'holocène de l'île de Wight (Hinton et Kennard) ;
dans le pleistocène de Dorset (Angleterre) (*Rev. Astrington*,
Buller).

IV. Espèces du sous-centre alpique (sud) dans le centre hispanique.

Ferussacia folliculus.

1. Historique.

Helix folliculus, Gronovius, 1781, *Zoophyt.*, *fasc.* III, p. 296,
tab. 19, fig. 15-16.

Helix (Cochlicopa) folliculus, Férussac, 1820, *Prod.*, p. 54,
n° 373.

Achatina folliculus, Lamark, 1822, *Hist. nat. an. sans vert.*,
t. VI, p. 133.

Columna folliculus, Jan., 1832, *Catal.*, p. 4.

Cionella folliculus, Beck, 1837, *Ind. Moll.*, p. 79, n° 1.

Polyphemus folliculus, Villa, 1841, *Disp. Syst.*, p. 20.

cette opinion c'est, dans cette variété, la présence de plis interlamel-
laires.

Glandina folliculus, Pfeiffer, 1844, *Symb. Helic.*, II, p. 135.

Bulimus folliculus, Morelet, 1845, *Moll. Poriugal*, p. 72.

Zua folliculus, Dupuy, 1849, *Catal. entram. Galliæ testaceorum*, n° 345.

Glandina (Cionella) folliculus, Albers, 1850, *Die helic.*, p. 199 (édit. 1).

Ferussacia folliculus, Lowe, 1854, *Cat. moll. Madère*, p. 200.

Bulimus (Cochlicopa) folliculus, Moquin-Tandon, 1855, *Hist. nat. moll. franç.*, t. II, p. 306, pl. XXII, fig. 20-31.

Ferussacia folliculus, Bourguignat, 1856, *Am. malacol.*, p. 197 (édit. 2).

Cionella (Ferussacia) folliculus, Albers, 1860, *Die heliceen*, éd. 2, p. 25.

Glessula, sect. *Ferussacia*, sub-section *Folliculus*, 1878, L. Pfeiffer, *Monogr. helic. viv.*, p. 336.

Ferussacia folliculus, Locard, 1882, *Prodome*, p. 132.

2. Dispersion géographique

Cette espèce habite les lieux frais, humides et couverts.

En Grèce (Corfou, près Analeptis) ; Dalmatie, à Lacroma (Kutsgik) ; environs de Gênes (Bourguignat) ; environs de Menton à Alassio (Nevill). Alluvions des torrents du Paillon et de la Brague (Caziot) ; Alpes-Maritimes (Au château de Nice, on trouve la *F. Gronoviana*).

Var (Panescorse). Dans la grande vallée, la région des côteaux, avançant un peu sur les bords de l'Esterel (Bérenguier).

Bouches-du-Rhône. Très rare au château d'If (Bourguignat) ; rare dans les îles de la rade de Marseille, Pomègues, Château d'If, Ratonneau (Coutagne), Mazargues, Côtes des Goudes, près Marseille (Thieux).

Gard. Nîmes (Moquin-Tandon).

Dans *Vaucluse*, nous avons trouvé le *F. Vescoi*, dans les alluvions du canal de Carpentras ; la distribution géographique de celui-ci se confond avec celui du *F. folliculus*.

Ardèche (Thieux).

Allier. A Vichy (Caziot).

Aude. Corbières du littoral et jusqu'à la vallée de l'Aude, près Limoux (Fagot).

Hérault. Principalement dans le nord (Pécoul-Thieux), Cette (Moquin-Tandon).

Pyrénées-Orientales. (Massot), le Vernet, près de Pia, Caser de Pêne (Corbières) Les Albères.

ESPAGNE. Montagnes et plaines du littoral méditerranéen. Pyrénées, Montseny à Galba (Moluquer), Montserrat, Mataro, environs de Olot (Salvanâ), Ripoll, Gualba, etc. (Maluquer) ; Artesa de Segre, Salga (Maluquer) ; défilé d'Organya (Fagot). Il n'a pas, jusqu'ici, été cité au delà de cette limite, à l'ouest. Tarragone (Thieux), Barcelone, Gérone (Chia). Dans la république d'Andorre, vallée de la Segre (Fagot), Alcudia (Majorque), Muser Martorelli *(F. vescoi)*, Alicante, Lorca, Carthagène, Alhambra, Grenade, Malaga, Puerto de Santa-Maria, Gibraltar (Hidalgo).

Portugal. Nord de Lisbonne, Leiria, Bussaco, Sud Estremoz, Setubal, Sierra de Arrabida (Hidalgo). Le *F. Vescoi* se trouve aussi au S. Estremoz, à Setabal et à Arrabida (Hidalgo).

TUNISIE. A Utique, Porto-Farina, Carthage. Dans les alluvions de l'oued Sidi-Aïch (Letourn.). La *Fer. Vescoi*, aux environs de Tunis (Bourg.), La Mohamedia (Gestro), El Aouina. Alluvions de l'oued Sidi-Aïch (Let.).

ALGÉRIE. Alger, Oran, Mostaganem, Tlemcen, province de Constantine (Terver).

Cette espèce existe à Madère, où elle a été signalée par Lowe et Albers. Ce dernier l'a représentée dans sa *Malac. Maderensis*, p. 57, tab. 15, fig. 54.

MAROC. Tetouan, Tanger (Pallary).

MALTE. *(F. Gronoviana).*

SARDAIGNE. Les trois espèces *Folliculus*, *Vescoi* et *Gronoviana*, en Sardaigne : Sassari, Sarroch, Cagliari (var. Issel-Paulucci), Cagliari, dans l'amphithéâtre (Thieux).

SICILE et îles voisines. Favignana var. (Monts).

ITALIE. *(F. Vescoi)*, Scilla, Bova (Monts), Covesolina, Calabres (Paulucci-de Stefani). *(F. Gronoviana*, à Scilla.)

CORSE. Bonifacio (Shuttleworth), Ajaccio (Moquin-Tandon-Thieux) *(F. Vescoi*, Vizzavone (Caziot).

Les *Ferussacia Vescoi* (Bourguignat), *Gronoviana* (Risso) ont à peu près la même distribution géographique. On a bien dit que la *Ferussacia Gronoviana* était la seule espèce qui se trouvait en Grèce, mais nous croyons que les deux espèces y cohabitent. Dans tous les cas, la présence, dans cette contrée, de la *Ferussacia Gronoviana,* du même groupe que la *F. folliculus,* prouverait que cette dernière espèce provient, comme la première, du sous-centre alpique.

Mauduyt a mentionné la *Ferussacia follicula* dans la Vienne. Comme beaucoup d'autres auteurs, il a pris, pour cette espèce, des individus non adultes de la *Physa hypnorum,* Linné.

La variété *pulchella* de Moquin-Tandon, fig. 30, pl. XXII, est une variété de taille plus petite, que l'on trouve un peu partout, vivant en compagnie de l'espèce-type.

Pomatias septemspiralis.

1. HISTORIQUE.

Helix septemspiralis, Razoumowski, 1789, *Hist. nat. Mont. jorat.,* I, p. 278.

Pomatia variegatus, Studer, 1789, *Faun. Helvet.,* in *Coxe, Trav. Switz.,* III, p. 432.

Cyclostoma patulum (var. *b),* Draparnaud, 1801, *Tabl. moll.,* p. 39.

Turbo striatus, Vallot, 1801, *Exerc. Hist. nat.,* p. 6.

Cyclostoma maculatum, Draparnaud, 1805, *Hist. moll.,* p. 39, pl. I, fig. 12.

Pomatias patulus, Hartmann, 1821, *Syst. Gaster,* p. 49.

Pomatias Studeri, Hartmann, 1821, in *Neue alpina,* I, p. 214 pars).

Cyclostoma turriculum, Menke, 1830, *Syn. moll.,* p. 40 (pars).

Pomatias maculatum, de Cristofori et Jan., 1832, *Catal.,* XV, n° 1.

Pomatias maculatum, Dupuy, 1851, *Hist. moll.,* p. 518, pl. XXVI, fig. 15.

Cyclostoma maculata, Deshayes, 1838, in Lamk., A. S. Vert, 2 éd., VIII, p. 373.

Cyclostoma maculata, Troschel, 1847, in *Zeitsch. f. Malac.,* p. 43.

Pomatias striatum, Drouet, 1834, in *Rev. et mag. Zool.*, p. 684.
Pomatias septemspirale, Drouet, 1855, *En. moll. France conti-
nent*, p. 25, n° 217.
Cyclostoma septemspirale, Moquin-Tandon, 1855, *Hist. moll.*,
II, p. 503, pl. XXXVII, fig. 37-38.
Pomatias septemspiralis, Crosse, 1864, in *Journ. Conch.*,
t. XII, p. 28.

2. DISPERSION GÉOGRAPHIQUE.

Le *Pomatias septemspiralis* a été signalé dans la vallée du
Danube, en Serbie, Albanie, Monténégro, Dalmatie, Croatie,
par von Möllendorff ; sa marche a été étudiée par Ed. V. Martens (1), à qui nous empruntons beaucoup de détails. Gallen-
stein l'a signalé en Illyrie, dans la provnice de Carinthie, où
il est commun.

Au sud du grand-duché d'Autriche, V. Martens ne connaît
qu'une seule localité où il existe, c'est Worschach, en Styrie,
dans la partie supérieure de la vallée de l'Enns ; Wagner cite
néanmoins, outre Worchach, Torvis et Malborget, deux localités situées plus au sud et à l'est de Klagenfurt, tout à fait
dans les Alpes Carniques.

Il existe dans la zone des lacs de l'Autriche supérieur, jusqu'à Mödling, près Vienne, s'étendant au sud jusque près de
Unken, près la frontière du Tyrol (ne se trouvant jamais que
sur les parties calcaires), jusqu'à Salzburg, mais ne se trouve
plus dans la vallée de Fusch (fuchthal des Allemands), qui est
siliceuse.

Il faut aller jusqu'à l'Inn pour le retrouver. Rare près du
lac de Turgen, à Albach et Fischbach.

Il s'étend à travers le Berchtesgaden, où Voith l'a déjà signalé (2), et dans le Salzkammergut.

On ne le trouve pas dans le Tyrol du Nord, ni dans les por-
phyres de Bozen ; il n'existe pas non plus en Bavière, dans
la vallée de l'Isar et du Lech.

(1) Von Ed.-V. Martens, *in Bern. Ges. Naturf. Fr. Berlin*, 1902, n° 3,
Die Geographische Verbreitung von Pomatias septemspiralis, Raz.
(2) *In Sturm's fauna*, Heft IV, 1819, taf. 31.

En Suisse, le dernier village où l'on constate sa présence est Mendrisio, au sud de Lugano, et au sud-ouest du lac de Côme, mais ne se trouve pas néanmoins sur le vaste espace compris entre le lac de Lugano et Glarus, au sud-est du lac de Zurich, pas plus d'ailleurs que sur les versants nord des Cantons de Saint-Gall et d'Appenzel, au nord-est du même lac.

D'après Studer, il manque dans les environs de Berne, mais se retrouve près le col de la Furca (2.436 m.) (ce col relie la vallée du Rhône à celle de la Reuss), tout près du Saint-Gothard. Dans le Canton des Grisons à Arosa, Davos, dans l'Engadine, l'unique localité où on le trouve existant sur la dolomie du trias.

Franchissant le Rhin, il a été signalé au lac des Quatre-Cantons, par Studer, en 1820, Hartmann en 1840, C. Brunnen et Bourguignat en 1862 ; mais ce *Pomatias* fait défaut dans la direction de Lucerne à Meiringen.

Nagèle l'accuse, plus au nord, au pays de Baden, au Kloz d'Isteis et Grenzach, près de Bâle. C'est sa limite d'extension la plus septentrionale.

Dans la vallée du Rhône, il s'étend du lac de Genève dans le Valais jusqu'à Bex et Saint-Maurice (Charpentier), mais ne s'étend pas plus loin ; on ne le retrouve plus à Martigny, bâti sur le gneiss.

Godet dit qu'il est commun partout en Suisse où il y a des forêts, jusqu'à 1.500 mètres en altitude, au maximum.

Charpentier l'a indiqué dans le canton de Vaud, au mont Jora, où Razoumosky a pris son type, à Montana et à Chillon ; Studer à Vevey et à Villeneuve ; Jeffreys au mont Salève.

Il existe en Savoie, dans le massif de la Chartreuse, et dans les Bauges, dans le Bugey et le Jura, au nord ; dans le Vercors, le Lans et le Diois au sud. M. Coutagne a cru qu'il ne traversait pas les Alpes et que son domaine avait pour frontière orientale la bande de terrain primitif qui relie Bellone au mont Blanc (1) ; on constate que ce domaine est plus étendu qu'il ne le supposait.

(1) Coutagne, *Feuille des jeunes naturalistes*. Mollusques de la Tarentaise.

Il existe réellement trois zones d'expansion dans les régions que nous venons de passer en revue ; trois zones séparées les unes des autres sur le versant nord des Alpes :

1° Le Jura français et suisse et les formations tertiaires du bassin du Rhône et du Rhin ; par extension, de la Seine ;

2° Celle qui comprend la zone calcaire de la moitié méridionale du lac des Quatre-Cantons ;

3° La zone des Alpes calcaires de l'Est, depuis le bassin inférieur de l'Inn jusqu'à Vienne, sur les Alpes calcaires du Sud, dans la partie qui s'étend à l'est du lac Majeur jusqu'en Carniole (une variété jusqu'à Agram) ; mais il existe, entre les deux dernières zones, une bande plus ou moins large des Alpes centrales, dans laquelle aucun point, aucune localité, n'ont été indiqués comme habités par le *Pomatias septemspiralis*, si ce n'est les Grisons, où il est complètement isolé (Martens).

Quant à l'altitude à laquelle s'élève notre coquille, elle est très variable. La plupart des points visés dans le Jura suisse et sur le versant nord des Alpes varient entre 400 et 500 mètres en hauteur ; l'altitude la plus élevée, remarquée par Martens, est 806 mètres à Unken.

Dans les Alpes calcaires méridionales, on la trouve à 1.000 mètres (vallée du Fleimen) ; elle descend à 69 mètres au lac de Garde.

Nous avons vu que M. Godet l'indique à 1.500 mètres sur certains points de la Suisse.

Elle est rare dans le Midi de la France, où elle est remplacée par le *Pomatias patulus*. Ces deux espèces vivent rarement ensemble, excepté dans les parties calcaires voisines du littoral méditerranéen, par exemple dans l'Hérault, le Gard et les basses montagnes de Vaucluse, où elles pullulent.

Le *Pomatias septemspiralis* se trouve dans les hautes vallées des Alpes-Maritimes (col de Tende) et dans le Var (Caziot-Bérenguier).

Dans les Bouches-du-Rhône, à Saint-Etienne-des-Sorts, près Tarascon (Coutagne), Aix (Thieux). Il remonte la vallée du Rhône, Thieux le signale à Roquemaure (Gard), Saint-Péray, Tournon et à Bourg-Saint-Andéol (Ardèche). Dans le Gard, il est commun à Remoulins, Pons (Caziot), Bagnols, Pont-Saint-

Esprit, Alais, où il vit avec le *P. patulus* (Margier), Vaucluse, à Mornas, Malaussène (Caziot), Drôme (Sayn).

Hautes-Alpes et Isère. Dans ce dernier département, M. Margier a recueilli une jolie variété d'un beau blanc laiteux, au Sappey, près Grenoble, et à Saint-Julien-de-Bauchêne, dans les Hautes-Alpes ; Gorges-de-Balandoz, Savoie (Dauphin) ; Chambéry (Wagner). Nous avons, plus haut, indiqué son existence dans le Lans, le Vercors, le Diois, le massif de la Grande-Chartreuse et le Bugey.

Ain, à Hauteville (Margier), Culoz (Wagner) ; Besançon (Wagner). Morelet le signale dans les environs de Bedford.

Il n'a pas été trouvé dans les Vosges. Haute-Marne, à Donjeaux (Wagner) ; Lorraine (Potiez et Michaud) ; vallée de la Moselle (Joba).

Nous ne croyons pas qu'il existe dans les départements situés tout à fait au Nord de la France, malgré les affirmations de Bouchard Chantereau (1825) et Colars de Cherres (1830), qui l'indiquent dans le Pas-de-Calais et le Finistère. Bourguignat a déjà nié cette assertion, ainsi d'ailleurs que celle de Moquin-Tandon, qui vise l'Auvergne comme habitat des *Pomatias septemspiralis*, d'après Potiez et Michaud. Il n'a pas été indiqué par Bouillet dans cette province.

N'existe pas en Belgique, ni dans le Luxembourg. Marne (Margier), Bar-sur-Seine, Bar-sur-Aube, Tonnerre dans l'Yonne (Ray et Drouet) ; arrondissement de Châtillon-sur-Seine (Baudoin).

Dans l'Oise, le Dr Baudon recueillit le *P. septemspiralis*, en 1840, entre Trye et Gisors, mêlé au *P. obscurus*. L'inondation de 1841, causée par les débordements de l'Epte et de la Troëne, entraîna et déposa des milliers d'individus de cette espèce qui, depuis cette époque, dit le docteur, n'ont pas été retrouvés vivants.

Côte-d'Or, à Milly-Sorlin (Lafay), la var. *albinos* n'est pas rare autour de Dijon, Combes-d'Arcey, Billy-les-Chanceaux.

Tournus, Mâcon, dans la Saône-et-Loire (Drouet-Margier).

Pascal ne mentionne aucun *Pomatias* dans la Haute-Loire.

Ardèche. Saint-Péray (Thieux), les Forges (Baudon).

Lozère. Florac, rochers de la source Sainte-Enimie, sur le

versant des Causses, la Malène, Pas-de-Souci (Fagot et Malafosse), Mejean et gorges du Tarn, Condrat-sur-Vezère (E. Har-
lé-Fagot).

Dordogne. (Margier.)

Lot. *Cahors* (Pécoul).

Aveyron. Milhau (Pécoul).

Lot-et-Garonne. Lecussan, R. Tournon, Thezau, etc. ; dans
le haut Agenais.

Gers. (Dupuy-Margier.)

Gironde. Cenon, Lormont, Saint-Emilion, Cadillac, etc. (Gassies).

Landes. C. C. Gassies.

Aude. Le *Pomatias septemspiralis* n'a jamais, à notre connaissance, été trouvé dans l'Aude ; on n'y a recueilli que le
P. Bourguignati Saint-Simon. M. Baichère l'a indiqué, mais
cela nous paraît fort douteux.

Hérault. Saint-Martin-de-Londres, Saint-Bauzille, les Caus-
ses de la Selle, Saint-Guilhem, les Déserts, Saint-Maurice, le
Caylar, Montpellier (Dubreuil). — Alluvions de l'Hérault, à
Saint-Bauzille-du-Putois (Paladilhe et Moitessier).

Il manque dans la Haute-Garonne et dans toutes les Pyrénées. Massot le signale dans les Corbières, mais c'est problématique, quoique possible d'ailleurs. M. Fagot le possède d'Espagne, d'Alfara dans la province de Tarragone, d'où il lui a
été envoyé sous le nom de *Pomatias patulus*, par le R. O. Lon-
gino Navas.

Les variétés du *Pomatias septemspiralis* sont les suivantes.
(Comme le type de l'espèce, en aucun point, on ne le rencontre
dans le voisinage de la mer.)

BOSNIE. Var. *bosniaca*, Boëttger, in *Jahrb. d. deuts. malak.*,
p. 63, 1885. — De Nemila, Sarajevo (Bosnie).

DALMATIE. Var. *Hydeniacus*, Clessin, in *Nach. d. deut. malak. ges.*, p. 121, 1879. — De Capella, près Jezerana ; Bezch,
près Agram, Dresnik, Karlstadt, Ogulin, Klek près Ogulin, etc.
(Croatie-Slavonie).

ITALIE. Var. *gardensis*, Pini, *Nov. Malac.*, p. 33, pl. XII,
fig. 6, 1884 (province de Brixiana). — Var. *Aghardi*, Pini, *Nov.
mal.*, in *Boll. Soc. Ital. Sc. nat.*, t. XVII, 1884 (environs de

Levere, dans le val Cavallino et dans les vallées Dessa et Calvi, (Province de Bergame).

TYROL. Var. *Villataca* : *Pomatias septemspiralis*, var. *Villæ* (1), Gredler ; *Pomatias septemspiralis*, var. *villaticus (Faun. der reg. palaart.*, Heft V, fig. 119, 1885). — Toscane, Alpes apuanes, environs de Carrare ; Tyrol.

FRANCE. Var. *immaculata*, Moquin-Tandon, 1855, *Hist. nat. moll. France*, t. II, p. 503. (*Pomatias immaculatum*, Lang, in *Crist. et jan*, n° XV, n° 1/2, 1832.

Fossile à Menton, dans les brèches ossifères pleistocènes.

V. Etudes sur quelques espèces du sous-centre alpique passées dans le sous-centre hispanique.

Pomatias patulus.

1. HISTORIQUE.

Cyclostoma patulum, Draparnaud, 1801, *Tabl. moll.*, p. 39. — 1805, *Hist. moll.*, p. 38, pl. I, fig. 9, 10).

Cyclostoma turriculatum, Menke, 1830, *Synop.*, éd. 2, p. 40.

Pomatias patulum, Cristofori et Jan, 1832, *Catal.*, XV, n° 12.

Pomatias patulus, L. Pfeiffer, 1847, in *Zeitsch. für Malak.*, p. 110.

Cyclostoma (licina) patulum, Mörch, 1850, *Catal.*, p. 8, n° 20.

Pomatias (auritus) patulus, Westerlund, 1882, *Malak. Blätt.*, s. 66.

Auritus patulus, Wagner, 1906, in *Nach. d. deut. Malak.*, ges. s. 121.

2. DISTRIBUTION GÉOGRAPHIQUE.

Pfeiffer et d'autres auteurs ont signalé le *Pomatias patulus* en Illyrie, en Autriche et en Hongrie ; Clessin toutefois, dans sa faune de l'Autriche-Hongrie et de la Suisse, ne le mentionne

(1) Non *Pomatias Villæ*. Spinelli, ap. de Betta et Martinati, *Cat. moll. Venet*, n° 74,. 1855.

pas ; ce qui indique bien la confusion qui règne à son égard.

Wagner, dans sa monographie du genre *Pomatias*, a indiqué le *P. attivanicia* Fagot, qu'il considère comme variété du *P. patulus*, à Attiva (Frioul), mais cette espèce appartient réellement à un autre groupe et est très distincte du *Pomatias* en question.

Le *Pomatias patulus* vit en Italie, en Toscane et dans la Ligurie, près Savone (C. Pollonera). Les autres localités indiquées en Italie se rapportent à d'autres espèces.

Requien l'a signalé en Corse, à Saint-Florent ; nos recherches, pour le trouver, sont restées infructueuses.

La var. *montana* de Issel se trouve au Grandmondo et au Berceau, entre 1.000 et 1.200 mètres d'altitude, au nord de Menton (Nevilli). J. Mabille a mentionné le *Pomatias patulus* dans de nombreuse localités des Alpes-Maritimes ; nous ne l'avons trouvé qu'à Grasse, à la Cascade de Ribbes, dans le vallon de l'Audibergue, au sud de Caille (1.300 m.), enfin sur les rochers de la rive gauche du Loup, près la Colle. Mortillet l'a signalé dans les gorges de Saorge. Nous ne l'avons pas trouvé sur ce point, mais il existe néanmoins dans la vallée de la Roya, près le col de Tende. Il l'a peut-être confondu avec le *P. Simrothi* Pollonera, qui est, en effet, très abondant dans les gorges. Cette dernière espèce a une couleur plus sombre, un péristome moins blanc, une ouverture moins ronde et des costulations tout à fait différentes de celles qui ornent le *P. patulus*.

Le *P. Simrothi* se distingue du *P. septemspiralis* par sa forme plus effilée, ses tours plus convexes, son péristome très évasé et par ses stries plus fines.

M. Bérenguier a indiqué le *P. patulus* dans les régions montagneuses et subalpines du département du Var ; Dupuy, à Toulon ; Bourguignat, à Chaix-l'Evêque (coll. Fagot), gorges d'Ollioules, Evenos, Saint-Zacharie, Sainte-Baume, dans le même département (Mabille et Coutagne). Non signalé dans les Basses-Alpes.

Dans la Drôme, à la montagne du Barry, près Vérone (900 m.) (Sayn), vallée des Nymphes à la gorge Adhemar (Fr. Florence et Sayn).

Vaucluse. Sommet du mont Ventoux (Nicolas), vallon de Vaucluse (Caziot).

Gard. C. C. aux environs de Nîmes (Partiot, Caziot), Remoulins (Caziot), Alais, Anduze (Margier).

Aveyron. Ardèche (Thieux), bois de Païolive (Margier).

Ce *Pomatias* n'était connu, jusqu'à ce jour, que dans les parties où croît l'olivier, c'est-à-dire dans la région méditerranéenne. Or, M. Margier nous a affirmé qu'il vivait en dehors de cette zone. Cet éminent malacologiste l'a trouvé en abondance, il y a quelques années, sur les pentes des Causses Mejean, au-dessus de Florac (Lozère), le long des lacets de la route des Causses, dans les fentes des murs et des rochers, aussi sous les pierres, jusqu'à 800 mètres d'altitude. M. Margier l'a recueilli également dans les gorges du Tarn, depuis Molines, près d'Ispagual, jusqu'à la sortie de cette rivière du département de la Lozère ; il vit sur la rive droite, au pied des formidables escarpements qui forment les magnifiques gorges bien connues des touristes.

Dans ces différentes stations, le terrain appartient à divers étages du terrain jurassique, l'altitude variant de 300 à 500 mètres, mais notre mollusque peut s'élever plus haut, jusqu'aux pieds des rochers qui constituent la couronne des Causses de Sauveterre, à 800 ou 900 mètres de hauteur ; il trouve là de chauds abris, qui lui rappellent la région méditerranéenne, alors qu'au-dessus, sur les Causses, règne le climat auvergnat. La flore y est toute méridionale.

A l'abri des hautes falaises calcaires, de nombreuses plantes de la région méditerranéenne se sont acclimatées et propagées, on peut citer : *Pistacia terebinthus, Lavandula vera, L. latifolia, Jasminum fructicans, Psoralea bituminosa, Linum narbonense, L. campanulatum, Genista hispanica, Salvia verbenacea, Concolvulus cantabrica, Plantago cynops, Asparagus acutifolius, Asphodelus carasifer, Aphyllantes monspeliensis, Ranunculus monspeliacus.*

L'amandier y est cultivé en grand, et cet arbre délicat, si souvent gelé, même en Provence, donne des récoltes régulières.

L'olivier même apparaît timidement à la sortie des gorges, mais il n'est pas cultivé et ses fruits n'arrivent pas à maturité.

Il n'est pas surprenant que notre *Pomatias* du Midi ait suivi ces plantes dans leurs migrations ; on peut même s'étonner qu'un plus grand nombre de mollusques méridionaux n'ait pas fait de même.

M. Margier a remarqué qu'en dehors du *Pomatias patulus*, il ne peut citer, en ce point, que les *Isthmia Strobeli et australis Gred* (ce dernier très rare). On constate avec surprise l'absence complète des *Helix* xérophiliennes, et en particulier des *variabiliana* (comme, d'ailleurs, en Piémont).

Le *Pomatias patulus* est commun dans les Bouches-du-Rhône ; îles Frioul, de Pomègue et de Ratonneau (Coutagne) ; Notre-Dame de la Garde (Dupuy) ; gorge du chemin d'Enoué à Carry-le-Rouet, au sud de l'étang de Berre ; environs de Saint-Loup, près Marseille ; Calanges de Sormiou, c'est-à-dire au nord et au sud du petit massif de Corpiagne (Coutagne) ; Cassis (Caziot) ; sur les deux versants et au sommet de la Sainte-Victoire, à Vauvenargue au nord, et à l'ermitage de Saint-Ser, au sud.

Dans l'Hérault, à Béziers (Moitessier, Dubreuil).

Pyrénées-Orientales (Massot).

Il a été indiqué en Catalogne par Graëlls, et par Mermet dans les Pyrénées-Orientales, mais ces indications sont manifestement erronées, surtout en ce qui concerne Mermet, qui a pris pour cette coquille le *Pomatias crassilabris* Dupuy, comme il est facile de s'en convaincre en lisant sa diagnose et en comparant les dimensions.

D'après sa distribution géographique, il est facile de conclure que le *Pomatias patulus* est une espèce du sous-centre alpique qui ne s'éloigne pas beaucoup de la région des oliviers, ainsi que l'a déjà fait remarquer M. Coutagne dans la *Feuille des Jeunes Naturalistes*, du 1er juin 1892 (son habitat du mont Ventoux (1.900 m.) est exceptionnel).

Il s'est avancé dans les Corbières orientales, à l'extrémité est du sous-centre pyrénaïque.

C'est une espèce très propre à montrer que les influences *actuelles de milieu* ne peuvent pas suffire pour expliquer la

(1) Nous ne connaissons pas la variété *montana* Issel, que Nevill accuse dans les environs de Menton.

distribution géographique des espèces animales ou végétales,
surtout lorsque ces espèces appartiennent aux organismes très
attachés au sol ou mal doués sous le rapport des moyens de
dispersion (Coutagne).

Helix strigella.

1. Historique.

L'*Helix strigella* de Draparnaud n'est pas connue des auteurs, dit Bourguignat dans le *Prodrome* de Locard, 1888,
p. 308, car la plupart, ajoute-t-il, ont amalgamé une quantité
de formes distinctes et parfaitement stables.

C'est un mollusque de la France septentrionale, du centre
alpique, qui a été bien représenté par son auteur (les figures
de Locard, 96, 97, p. 91, dans ses *Coquilles terrestres de France*,
représentent une forme au dernier tour plus globuleux, plus
arrondi que celle figurée par Draparnaud).

C'est une coquille assez petite (H, 9-10 mm. ; D, 14-16 mm.),
de forme globuleuse déprimée, à spire obtusément conoïde ;
son ombilic, très ouvert (souligne Bourguignat) à partir du
dernier tour, laisse voir tout l'enroulement spiral interne ; ses
tours (5 1/2), peu convexes, s'accroissent lentement ; le dernier
offre, vers l'insertion du bord externe, une direction descen-
dante courte, prononcée et assez brusque. Le maximum de la
convexité du dernier tour à son origine, s'accuse, un tant soit
peu au-dessus de la partie médiane. Souvent ce maximum se
produit par une zonule transparente. L'ouverture bien oblique,
peu échancrée, est semisphérique et à peine oblongue dans
un sens transversalement oblique descendant.

Les bords sont rapprochés et convergents.

Le péristome, fortement bordé, n'est patulescent qu'à la base.
Le test est sillonné de striations saillantes, ondulées, serrées,
pas tout à fait régulières ; de plus, on remarque, à la loupe,
un sentiment de petites rides sur toute la surface de la coquille.

L'*Helix rusinica*, Bourg., des Pyrénées-Orientales et de la

Catalogne, en diffère peu. C'est un exemple de disjonction à rapprocher de l'*Helix arbustorum* Linné, qui, aussi, manque dans le Midi de la France et se retrouve dans les Pyrénées-Orientales sous les formes de *H. Xatarti* Ferussac, et *canigonica* Boubée.

La diagnose de l'*Helix strigella* ne laissant rien à l'équivoque, nous pouvons établir, ainsi qu'il suit, la synonymie de cette espèce :

Helix strigella, Drap., 1801, *Tabl. moll.*, p. 81.

Helix strigella, Drap., 1805, *Hist. moll.*, p. 84, pl. VII, fig. 1, 2.

Helix altenana, Gartner, 1813, *Verz. Syst. Besch.* Conch., p. 27.

Helix cornea, Hartm., 1821, *Syst. schweiz in N. alpin*, 1, p. 229.

Helicella strigella, Fitz, 1833, *Syst. Verz. Ergherz. vester.*, p. 95.

Helix Plebeja, Krynicki, 1836, in *Bull. Soc. Moscou*, VI, p. 430 (non Drap.).

Bradybæna strigella, Beck., 1837, *Ind. mollusc.*, p. 19.

Fruticola strigella, Held., 1837, in *Isis von Oken*, p. 914.

Theba strigella, Gray, 1842, *Fig. Moll. anim.*, p. 115, pl. CXCVI, fig. 6.

Hygromia strigella, Adams, 1853, *Gener. recent. moll.*, p. 215.

Helix (Euomphalia) strigella, Westerlund, 1889, *Faune reg. paleart.*, p. 92.

Helix strigella, Locard, 1894, *Coq. terr. France*, p. 91, fig. 96, 97.

Nous indiquons, ainsi qu'il suit, les formes connues de l'*Helix strigella :*

SUÈDE. *Helix Collimiane*, Bourguignat, *Moll. nouv. litig. ou peu connus*, 2ᵉ décade, n° 19, p. 46, pl. VI, fig. 13, 1863 (Alpes scandinaves).

MOLDAVIE. *Helix strigella*, var. *moldavia*, Clessin, *Ges. malak. Blatt. N.*, VIII, 1889.

AUTRICHE-HONGRIE. *Helix mehadiæ*, Bourguignat, in *Servain. Malac. lac. Balaton*, p. 29, 1881 (environs de Mehadia).

TRANSYLVANIE. *Helix agapeta*, Bourguignat, *loc. cit.*, p. 29 (environs de Kronstadt).

HONGRIE. *Helix Briandi*, Bourguignat, *loc. cit.*, p. 20 (bords du lac Balaton). — *Helix Gucretini*, Bourguignat, *l. c.*, p. 21 (bords du lac Balaton, peu au-dessous de Fured). — *Helix Dubreili*, Bourguignat, in Servain, 1881, *Lac Balaton*, p. 23 (bords du lac Balaton).

ALLEMAGNE. *Helix sylvestris*, Alten, *Erd und fluss. Conchyl. um Augsburg*, p. 69, pl. VI, fig. 13, 1812 (environs d'Augsbourg). — *Helix strigella*, var. *Rossmässlleri, Iconog.*, Bend. 2, Heft 7, 8 ; s. 4, taf. 31, fig. 438, 1838 (Dresde).

FRANCE. *Helix lepidophora*, Bourguignat, in *Servain, Hist. malac. lac Balaton*, p. 25, 1881 (Polignac, dans la Haute-Loire, Clermont-Ferrand, Allier, Indre-et-Loire, Isère, Savoie, etc. Vit aussi en Lombardie, près de Côme, ainsi qu'en Suisse, près Lucerne). — *Helix ruscinica*, Bourguignat (vient de *rascinum*, Roussillon), *Sp. nouv. moll.*, n° 140, 1878 (inédit), in *Servain, lac Balaton*, p. 26 (Pyrénées-Orientales, Perpignan. C'est la forme la plus répandue dans les Pyrénées et en Espagne). — *Helix separica*, Bourguignat, in *Locard, Prodrome*, 1882, p. 62 et 369 (environs du Puy en Velay, Clermont-Ferrand, Sassenage, près Grenoble (moins typique), Côte-du-Pin, sur l'Allier, près Vichy, gorge de Malavaux, près de Cusset, vallée de la Sèvre, au-dessus de Niort). — *Helix vellavorum*, Bourguignat, in *Servain, Hist. malac. lac Balaton*, p. 26, 1881 (le type dans la vallée de la Sèvre Niortaise, près de Niort, environs d'Estaing (Aveyron), Haute-Loire, Puy-de-Dôme, Allier, Isère). — *Helix buxetorum*, Bourguignat, in *Locard, Prodrome*, 1882, p. 62 et 310 (gorge du Malavaux, près Vichy ; montée de la Salette, près de Corps (Isère). — *Helix nemetuna*, Bourguignat, in *Servain, Lac Balaton*, p. 28, 1881 (Clermont-Ferrand). — *Helix cussetiensis*, Bourguignat, in *Ser. Lac Balaton*, p. 28, 1881. — *Helix cussetiensis* (em.), Locard, *Prod.*, 1882, p. 62 (gorges du Malavaux, près Cusset, dans l'Allier). — *Helix Ceyssoni*, Bourguignat, *in Serv. Lac Balaton*, p. 27, 1881 (Le Puy en Velay, dans la Haute-Loire) (1).

---

(1) Outre ces formes, Draparnaud, *H. moll.*, 1905, pl. VII,, fig. 19, a indiqué une var. *brunata*, et Moq. Tandon, *Hist. moll.*, 1855, p. 204, pl. XVI, fig. 17, une var. *fuscescens*. Celle de Draparnaud est une simple var. de coloration, celle de Moq. Tandon est la var. *ruscinica*.

2. Distribution géographique.

L'*Helix strigella* vit aussi bien dans la montagne que dans la plaine. En Finlande sa limite extrême est le 61ᵉ degré de latitude boréale. Dans les provinces baltiques de la Russie, jusqu'à Saint-Pétersbourg (Hesse). On la connaît à Charkow et à Moscou. N'a pas été relatée en Crimée ; de Rosen, toutefois, l'indique dans le Caucase. Elle vit en Autriche, Galicie, jusqu'à 2.200 mètres (Hesse). Dans le Haut Tatra, Roumanie, Serbie, Bosnie, Carinthie, Carniole, Croatie, Hongrie. N'a pas été observée en Dalmatie. Dans toute l'Allemagne, Bohême, Alpes orientales du Tyrol. Sur les herbes chaudes et sèches ; sur le calcaire de la Souabe supérieure ; Solésie, à Wartha, près Glatz.

En Saxe (Wohlberedt, Nagèle), Bohême (Babor).

Budersdorff, près Berlin, Kronstadt.

Dans le Wurtemberg, à Kohlberg, Kalberburren, près Arach (Geyer).

En Italie, elle vit en Lombardie, Vénétie. Assez rare dans les provinces de Reggio Emilie (Picaglia).

Tibère dit l'avoir recueillie aux Abruzzes, mais Paulucci croit que sa détermination est erronée.

Au Piémont, elle est commune dans la région alpine : Novara, Varcelli, Rivarossa, Canavese, collines de Turin, Montalto, Alessandria, vallée de la Scrivia (Pollonera). Elle dépasse 2.000 mètres d'altitude dans les Alpes d'Italie.

Elle manque dans le Midi de la France.

D'après le catalogue manuscrit de Sionest, l'*Helix strigella* a été trouvée à Crest, par Faure-Biguet.

Assez répandue dans la région montagneuse : le type à Saint-Jean-en-Royans et à Combe-Javal ; une variété à Mision, près de Luc-en-Diois, et à Mautrelle, près Saint-Vallier, dans la Drôme (Sayn) ; Romans, dans ce même département (Châtenier, Sayn).

Isère (Gras), La Sône (Caziot).

Dumont et Mortillet l'ont signalée en Savoie ; à la Perrière (de Loriol), Salins, bois de Champion ; Plombière, Aiguille du

Cretel, etc. Environs de Moûtiers (500 m.), au-dessus de Mont-charvet (1.300 à 1.400 m.) (Coutagne).

Elle vit, par places, dans toute la Suisse, non dans la montagne (Godet).

En Alsace, peu commune (Nagèle).

En Danemark (Lynge). — Norvège et Suède méridionale. — En Belgique, dans les environs de Namur et de Dinant (Toby). — N'a pas été signalée dans le grand-duché de Luxembourg (V. Ferrant).

En France, elle a été indiquée dans la Champagne méridionale, à Troyes et dans les marais de Nogent (Drouet) ; Côte-d'Or ; arrondissement de Châtillon-sur-Seine (Baudouin ; Seine (Jousseaume). Le type à Nemours, Seine-et-Marne (Bourguignat). Pas en Normandie (G. de Kerville). — La Loire (Drouet). — Puy-de-Dôme et Clermont-Ferrand (Baudon). — La Lozère, à Mende (Pécoul). — Voutenay, dans l'Yonne (Guyard). — L'Ain, le Rhône (Locard). — Indre-et-Loire (Bourguignat).

Elle n'a pas été signalée dans le vaste espace qui sépare le département des Basses-Alpes (où Locard l'a indiquée) du département de la Haute-Loire, visé par Pascal. — Lot-et-Garonne (Locard). — Beauregard, Lecussan ; très rare dans l'Agenais (Gassies). Il est supposable que cet auteur a pu confondre l'*Helix strigella* type avec la variété *rusinica*, Bourguignat, qui n'est qu'une modification de celle-là ; l'*Helix strigella* vient mourir à la fracture au fond de laquelle coule l'Aude, c'est-à-dire au pied même des Corbières occidentales (Fagot). — Pyrénées-Orientales (Massot) ; la Preste (Moquin-Tandon) ; les Albères (Penchinat).

En Espagne, elle existe dans la région cantabrique ; Asturies, R. de Valence ; provinces orientales ; région de la Bétique ; provinces méridionales de Castille. — Centre de l'Espagne (Hidalgo). — Calelle (Musée Martorell). — Teza y Masnou (Barrere). — Montserrat (Coronado) ; Barcelone (Bofill). — Pyrénées espagnoles, jusqu'à la vallée de l'Essera (Fagot).

Fossile dans l'holocène et le pleistocène de Bohême (Babor). Travertins interglaciaires de Thuringe (Weiss). Pleistocène des environs de Gap (D. Martin). Limons pleistocènes de l'embouchure du Var (Caziot et Maury).

Helix ciliata.

1. HISTORIQUE

Helix ciliata, Venetz, 1820, *In Studer Kurz. Verz.*, p. 86.

Hygromia folliculata, Risso, 1826, *Hist. Europe mérid.*, t. IV, p. 67.

Helix ciliata, Michaud, 1830, *Compl.* Draparnaud, p. 23, pl. XIV, fig. 27.

Helix hirsuta, Cristo et Jan, 1832, *Catal.*, 81 à 84.

Bradybæna ciliata, Beck, 1837, *Index moll.*, p. 20.

Fruticicola ciliata, Beck, 1837, *Index moll.*, p. 20.

Hygromia ciliata, Adams, 1855, *Gen. rec. moll.*, p. 214.

Helix (monacha) ciliata, Kreglinger, 1870, *Syst. Verz. in malak. Blätt.*, p. 20.

Helix (section *Hygromia-subsect Monacha*) *ciliata*, L. Pfeiffer ; 1878, *Monog. hel. viv.*, p. 120.

Helix (lepinota) *ciliata*, Westerlund, 1889, *Faun. reg. palearr.*, Heft 2, p. 16.

Helix ciliata, Locard, 1894, *Coq. terr. France*, p. 117, fig. 126-127.

1. DISTRIBUTION GÉOGRAPHIQUE

L'*Helix ciliata,* quoique peu répandue dans les Alpes françaises, est une espèce bien alpique, limitée par les Alpes méridionales, semblant avoir son centre de dispersion en Lombardie et au Tyrol méridional, où elle se trouve assez abondante ; sa limite septentrionale, au Tyrol, est la vallée de la Lüsen (Gredler). A l'est, elle ne se trouve pas dans la Carinthie, ni en Carniole. En Italie, sa limite orientale est Battaglia, colli Euganei ; au sud, elle s'étend jusqu'à Modène et Reggio Emilia (Picaglia).

Le chevalier Blanc l'a signalée aux Abruzzes, au Monte Corvo ; le Dr Prete et de Stefani, dans les Alpes Apuanes, à Chiesa di Boscolungo (1.380 m.), et au Monte Forato (1.100 m.) ;

Adami, dans le val Camonica, et Sordelli, à Lovere (Lorbardie).

Sa limite en altitude, sur ces différents points, est de 1.900 mètres.

Plaine du Pô (Nord).

M. Hesse l'a recueillie à Spiazzi, au Mont Baldo (850 m.) et dans le Tyrol, à Paneveggio (1.540 m.).

Dans le Tessin, environs de Lugano (Stabile).

Dans le Piémont, vallée de la Dona Riparia, Oulx (1.070 m.) (Stabile) rare et de petite taille.

Turin, rio della Batteria (250 m.) (Mortillet).

Montalto, collines entre le val Aversa et le val Coppa, sur la rive droite du Tanaro (Stabile), Rivarossa, Canavese dans la région subalpine ; Zavatarello, dans la vallée de la Trebbia (Mousson), Ligurie. Très rare dans les environs de Gênes (Issel), Alpes Helvétiques (Pfeiffer).

En Italie, elle s'étend jusqu'à Baveno, au bord du lac Majeur (Pollonera), et même probablement bien au delà (Coutagne, *Mollusques de la Tarentaise).* M. Dauphin l'a recueillie en Tarentaise, à Brides-les-Bains, en Provence. Coutagne l'a trouvée dans la forêt de Durban, sur le revers sud-ouest du Devoluy.

Dans le Queyras (Margier), Dumont et Mortillet l'ont signalée à Bramans et Lons-le-Villard.

En Maurienne, elle existe le long de la chaîne des Alpes, depuis la Savoie jusqu'à la mer. Elle vit dans les environs de Nice (5 kilomètres au nord) et dans la vallée de Cairos, près Saorge. Dans la valllée de la Roya, près le col de Tende, on la trouve sous la forme d'*Helix Guevarriana*, Bourguignat. Environs de Grasse (Dupuy).

Dans tout le département du Var, sauf dans la région des Maures et la région subalpestre, jusqu'à 900 mètres (Bérenguier). Forêt de Montrieux, vallon Douro, près Correns (Thieux).

Sainte-Baume (Astier, Michaud, Dupuy, etc.). Environs de Draguignan, Rians.

Vaucluse (Dupuy, Moq.-Tandon). Nous l'avons vainement cherchée dans ce département.

Forêts montagneuses de la Drôme (Chatenier, Sayn).

Bouches-du-Rhône, dans le parc de Saint-Pons, près Gemenos (Thieux).

Ardèche, Saint-Marcel, Roquemaure (rare, Thieux). M. Thieux l'indique aussi dans l'Ariège, à Foix, mais cette localité nous semble douteuse.

Pyrénées-Orientales, à Collioures (Locard). Charpentier et Michaud (ex-Charpentier !) l'ont signalée, par erreur, en Portugal ; on ne l'a jamais trouvée dans ce royaume, ni en Espagne.

Fossile dans les brèches osseuses pléistocènes de Menton (Nevill).

On a détaché de l'*Helix ciliata* :

1° La variété *biformis ; Helix (Bradybœna) biformis*. Ziegler in Beck, *Ind. moll.*, p. 20, 1837, et Potiey et Michaud, 1838, *Gal. moll.*, Douai, p. 78 ; du Tyrol.

2° L'*Helix Guevariana*, Bourguignat, in *Mém. Soc. sc. nat.* de Cannes, 1870, t. I, p. 49.

3° L'*Helix Stussineri*, Boettger ; 1884, Nach. d. deuts. malak. Ges., s. 16, du Mont Nero, en Calabre.

Helix obvoluta.

1. HISTORIQUE

Dans son « Traité sommaire des Coquilles terrestres et fluviatiles des environs de Paris », p. 46, n° 12, Geoffroy, en 1767, décrivant ainsi qu'il suit, la coquille qu'il appela la *veloutée à bouche triangulaire* (1).

« Cochlea testa fusca hispida, supra plana, subtus perforata, spirii six, apertura triangulari, labro reflexo, luteo.

« Coquille brune, hispide, plane en dessus, perforée en dessous, six spires, ouverture triangulaire, labre réfléchi, jaunâtre.

« Diam. 4 lignes et demie. La veloutée à bouche triangulaire.

« La coquille décrit 6 spirales ; elle est de couleur brune et

______

(1) L'*Helix hispida,* qu'il décrit p. 44, n° XI, est appelée par lui la *veloutée. La veloutée* à bouche triangulaire est l'*Helix obvoluta.*

veloutée comme la précédente (la veloutée), mais plate en-dessus et même renfoncée dans son milieu ; en dessous, elle est percée d'un ombilic assez large.

« L'ouverture de la bouche a un rebord ou une lèvre saillante de couleur jaunâtre qui, par son contour, rend cette ouverture triangulaire. Cet animal est assez rare. On le trouve quelquefois à Meudon, dans les endroits humides et bas de ce parc. Sa forme singulière, et qui s'approche de celle des planorbes, l'a fait appeler, par quelques personnes, le planorbe terrestre ».

Sept ans après, Müller, dans son *Verm. hist.*, p. 27, n° 229, décrivait ainsi l'hélix à laquelle il donna le nom d'*Helix obvoluta*, Gallia. La veloutée à bouche triangulaire.

a) Albida, glabra, apertura triangulare, labro reflexo ; diam. 4-5 lignes.

b) Fusca hispida, apertura lunari ; diam. 4 lignes.

Testa rufo fusca, setis hispida ; amfractus quinque et sex ; apertura formam lunæ primum quadranti non triangulari præfert cœterum cadim junior enim incrementum nondum absolverat, forma que aperturæ triangularis labio sinuoso formatur ; aperturam claudit massa calcarea albissima ut in le pomatia ; setœ forte in hac ut in h. *hispida* alltate teruntur.

Structura anfractibus sibi invicem obvolutis adea planorben contortum refert ut ejus generis sen aquaticam esse diceris at labro splendido reflexo terresticum si probat. Perfectam a cl. Bassi in Italia. R. vero clar Schröter et Saxonia misit.

Coquille d'un brun roussâtre, assez hispide. Cinq à six tours de spire. Ouverture lunaire, d'abord quadrangulaire non triangulaire ; du reste la même, à l'état jeune n'avait pas encore terminé son accroissement. La forme de l'ouverture triangulaire est formée par un labre sinueux. Une masse calcaire très blanche ferme l'ouverture, comme dans l'Helix *pomatia*. Les poils sont sans doute usés par l'âge, comme dans l'Helix *hispida*.

La structure des tours imite tellement les circonvolutions du planorbe entortillé, que l'on prendrait cette espèce pour aquatique ; mais, par son labre très réfléchi, elle prouve qu'elle est terrestre.

De ces différentes citations, il ressort que l'Helix *obvoluta* de Müller est synonyme de la veloutée à bouche triangulaire de

Geoffroy, et que le type de l'auteur danois vit en Italie, où il a
été recueilli par Bassi.

1. HISTORIQUE

Helix obvoluta, Müller, 1774, *Verm. hist.*, II, p. 27, n° 229.
Helix triogonophora, Lamark, 1792, in *Journ. Hist. nat.*, II,
    p. 349, pl. XLII, fig. 2.
Helix bilabiata, Olivi, 1792, *Zool. adriatica,* p. 177.
Helix holosericea, Gmelin, 1798, *Syst. nat.*, éd. 13ᵉ, p. 3461
    (non Studer).
Planorbis obvolutus, Poiret, 1801, *Coq. terr. fluv. Prodrome*,
    p. 89.
Helicodonta obvoluta, Risso, 1826, *Hist. nat. Europe méridio-
    nale*, IV, p. 65.
Trigonostoma obvolutum, Fitzinger, 1833, *Syst. Verzeich.*, Œs-
    ter, p. 98.
Vortex obvoluta, Beck, 1837, *Index molluscorum*, p. 7.
Gonostoma obvoluta, Beck, 1837, *In Isis von oken*, p. 7.
Polygyra obvoluta, Gray, 1842, fig. *Moll. anim.*, pl. CCLXXXX,
    fig. 13.
Euphemia obvoluta, Menke, 1848, *Zeitschrift f. Malak.*, V,
    p. 74.
Anchistoma obvolutum, Adams, 1853, *Genera recent moll.*,
    p. 207.
Anchistoma obvoluta, Mörch, 1865, in *Journ. conch.*, XII,
    p. 307.
Helix obvoluta, Locard, 1882, *Prodrome*, p. 86.

L'*Helix obvoluta* est une espèce qui date du quaternaire récent et qui a excessivement peu varié depuis son apparition
sur le globe.

Elle fait partie de la section des *Trigonostoma* de Fitzinger,
1833, par suite de son ouverture subtrigone, et constitue le
groupe unique en France des *Obvolutiana*.

Gray la place dans la section des *Gonostoma* de Held (in *Isis,*
1897), mais la dernière section correspondant exactement aux
Trigonostoma de Fitz, ce dernier nom seul doit être maintenu.

Le Dr Robelt y a réuni la section *Caracollina* de Beck, dont les principaux représentants sont les Helix *Rangiana* et *Lenticula*.

Nous croyons que l'on doit conserver les deux sections séparées, car l'une est caractérisée par ses tours larges, et l'autre par ses tours serrés, sans parler de la différence des ouvertures. Leur distribution géographique est, en outre, différente.

2. Distribution géographique

L'*Helix obvoluta* vit surtout dans les montagnes, aussi dans la plaine, mais jamais dans le voisinage *immédiat* de la mer. Au sud, elle est plus abondante que dans les pays septentrionaux.

Sa limite Est est en Bohême, près Prague et Carlsbad (Clessin) ; sa limite Sud est en Bosnie. Elle vit aussi au Harz (Hiré). Hazay ne la connaît ni de Budapest, ni du haut Tatra. Elle n'existe pas dans la Galicie, la Transylvanie, la Servie et la Serbie. Commune en Austro-Hongrie, Croatie et Tyrol ; Dalmatie, dans les environs de Messine. En Italie, elle se trouve partout sur la pente méridionale des Alpes (Hesse) ; plus au sud, elle semble limitée sur la hauteur des Apennins, jusqu'au détroit de Messine. Elle est citée de Reggio Emilia, et de Modène (Picaglia), de Toscane (Gentilhomo), d'Ascoli Piceno (Mascarini), jusqu'aux Calabres ; Abruzzes (Paulucci).

Sicile (Monts), Piémont (Pollonera), jusqu'à 1.270 mètres ; îles de l'Italie (Paulucci). N'existe pas au Mont Argentero.

Au nord, sa limite, après avoir constaté son existence dans la Thuringe, le Schleswig, le Hostein, la Westphalie, la Saxe, le Nassau, l'Alsace, Bade, est le Danemark. Dans le Sud, elle se trouve dans le voisinage de Flemborg et Ugler (Lynge).

En Suisse, elle est très répandue ; elle se trouve même dans le Tessin, en compagnie de l'Helix *angygyra*, qui est très commune et qui ne se trouve que là et en Valteline (Godet). Grand-Duché de Luxembourg (V. Ferrant). Environs de Namur et de Dinant. Elle n'habite que le sud de l'Angleterre, dans les comtés de South hants, North hants, West sussex et du Surrey (Taylor).

Pas signalé en Suède, ni en Norvège.

En France, elle est commune partout, aussi bien dans le Midi que dans le Nord ; il serait fastidieux d'indiquer tous les départements. Dans les Pyrénées françaises, elle est indiquée à la Preste (Dupuy), Villefranche, Castelle, le Vernet (Massot).

Aude. Forêts des Fanges, à Camplong, Anat, etc. (Fagot).

Ariège. Vallée du Garbet (Aulus) (Fagot) ; la Bastide-de-Sérou (Simon).

Haute-Garonne. Entre Cazères et Saint-Martory (Fagot).

Hautes-Pyrénées. Carrières d'Aurensan, près Bigorre (Nansouty.

Basses-Pyrénées. R. R. R. (Mermet).

Dans les Pyrénées espagnoles de la Catalogne (Graëlls) Montserrat, sur le chemin de la grotte de San-Gari (Fagot) ; Mas de Saxan (Zulueta) ; Navellas (Marcet) ; alluvions du rio Llobregat (de Zulueta) ; Olot, Campredon (Salvâna) ; entre Castejou de Sos et Abi, avant d'arriver au puente de Organa, vallée de l'Essere (Fagot) ; Castellfollit, Serra Cabarella (Salvana) ; Valence (Hidalgo).

Au Musée Martorell, on l'indique en Portugal ; ce doit être une erreur.

Fossile :

Terra rossa de Monte Pisano.

Argile des glaciers du Piémont (Pollonera).

Sables de Mosbach ; tufs de Cronstadt, de Weimar et de Fauback, en Allemagne.

Suisse :

Caverne près Thagugen, canton de Schaffouse (*Sterki Nachr.*, s. 68, 1882) ; vieilles alluvions du Stadt ; Francfort-sur-le-Main (*Boettger, Nach.*, p. 190, 1889).

Sables diluviens et tufs calcaires, près Bruhoden dans Herzogtum Gotha (*Hocken Nach.*, s. 88, 1898).

Tufs pleistocènes, près Regengsburg (Clessin, *l. c.*, p. 101, 1900).

FRANCE :

Pleistocène des environs de Lyon (Dr Jacquemet) et de Nice (Caziot).

Signalons encore sa présence dans les tufs quaternaires de Montigny, près Vernon (G. Dollfus) ; dans les dépôts stalagmitiques du Pleistocène récent (?) des poches jurassiques, sur la route de Vence à Coursegoules (Caziot).

Depuis l'impression de mon article sur la dispersion de certains mollusques, j'ai été informé, par M. Margier, que le *Pupa similis* Bruguière, visé page 19 des *Annales* de la Société de 1903, avait été trouvé dans le jardin communal de la ville de Parmes. Il vit donc dans cette province, en compagnie du *Pupa amicta* Parreys. Il ne paraît pas dépasser Florence au Sud. Je l'ai indiqué (p. 20) à Estaing, d'après Pons d'Hauterive. Sa présence paraît douteuse, car M. Margier a parcouru toute la vallée du Lot sans le rencontrer. Il a dû y être apporté accidentellement.

Quant à la *Clausilia bidens* Draparnaud, signalée par moi dans Vaucluse, d'après Bourguignat qui a affirmé que cette espèce remontait la vallée du Rhône jusqu'à Montélimar, il y a lieu de la rayer de la faune de ce département, où elle a été acclimatée accidentellement aussi, mais ne s'y est pas propagée.

Lyon. — Imprimerie A. Rey et Cⁱᵉ, 4, rue Gentil. — 48701

www.ingramcontent.com/pod-product-compliance
Lightning Source LLC
LaVergne TN
LVHW012102030726
842523LV00002B/666